AF369474

Conserver la couverture

PRODROMUS
BRYOLOGIÆ MEXICANÆ

OU

ÉNUMÉRATION DES MOUSSES DU MEXIQUE

AVEC DESCRIPTION DES ESPÈCES NOUVELLES,

PAR

Émile BESCHERELLE,

Membre correspondant de la Société des Sciences naturelles de Cherbourg

Le travail qui fait l'objet de cette Énumération aurait dû
être entrepris par un de nos maitres en Bryologie et il re-
venait de droit à notre compatriote M. Schimper ; mais les
occupations multiples dont il était chargé au moment du
retour de MM. Bourgeau et Hahn de l'expédition du Mexique n'ont sans doute pas permis de lui en confier la rédac-
tion et c'est grâce au bienveillant intérêt de M. Decaisne,
le savant professeur du Museum d'histoire naturelle de Paris
chargé de la direction du compte-rendu de l'*Exploration
scientifique du Mexique*, que l'auteur doit l'honneur de sup-
pléer M. Schimper dans cette partie du rapport. D'abord

restreint à l'étude des mousses rapportées par MM. Bourgeau et Hahn, ce travail a dû peu à peu comprendre les mousses existant dans les herbiers du Museum ; mais comme ces collections ne renfermaient qu'une faible partie des espèces récoltées par Liebmann, on a dû y intercaler celles qui n'avaient pas été distribuées et qui se trouvaient inédites dans les herbiers des bryologues. J'ai ainsi été amené à faire en quelque sorte le Synopsis des mousses mexicaines, et une fois ce plan arrêté j'ai cru devoir relever dans les auteurs la description des mousses déjà connues, compulser les herbiers des principaux établissements et ceux des botanistes de la capitale et faire appel au concours des bryologues de la France, de l'Allemagne et de l'Angleterre. Mes efforts ont été couronnés d'un plein succès. En effet, grâce à l'obligeance de MM. Schimper, Hampe et Mitten, j'ai pu doubler le nombre des espèces déjà décrites. L'herbier de M. Schimper, si riche en espèces inédites de tous pays, renferme, indépendamment des mousses récoltées par Liebmann, les collections rapportées par M. Sartorius et par M. Fr. Müller qui a péri si malheureusement au Mexique. M. Hampe dans son Synopsis des mousses de la Nouvelle-Grenade avait déjà donné la diagnose de mousses communes aux deux régions ; il a bien voulu me faire hommage de son travail et revoir, en même temps que M. Schimper, toutes les espèces qui me semblaient être nouvelles. MM. Duby, Lorentz et Mitten ont mis à ma disposition leurs notices sur certaines mousses de la région et ont bien voulu me communiquer les espèces critiques dont je pouvais avoir besoin. Je prie mes honorables collègues de recevoir ici l'expression de ma profonde gratitude pour le bienveillant concours qu'ils m'ont prêté et sans lequel je n'aurais pu mener à bonne fin le travail que j'avais entrepris.

Quant aux collections du Museum d'histoire naturelle de Paris, dans lequel, grâce à l'obligeance de M. Brongniart, j'ai pu examiner les richesses apportées du Mexique par Bonpland, Andrieux, Galeotti et Ghiesbreght, j'y ai trouvé 17 espèces nouvelles. De son côté, MM. l'abbé Lelièvre a bien voulu compulser les riches collections léguées au Muséum par M. Montagne, et il y a trouvé une partie des récoltes de Liebmann distribuées dans le temps par M. Schimper. Les herbiers de MM. Cosson et Le Dien m'ont offert également quelques espèces déjà décrites, mais qui n'étaient pas représentées dans les herbiers du Museum.

Malgré les recherches dont le Mexique a été l'objet depuis le commencement du siècle, les végétaux supérieurs ont attiré l'attention des voyageurs d'une manière exclusive, car, à l'exception des fougères, les autres classes de la cryptogamie paraissent avoir été négligées. En effet, les premiers voyageurs qui aient récolté des mousses sont Humbold et Bonpland, en 1779. A trente ans de distance, Deppe et Schiede ont gratifié la bryologie mexicaine de 32 nouvelles espèces; d'autres voyageurs, parmi lesquels on doit citer Andrieux, Ehrenberg, Karwinski, Liebold, Linden, ont aussi rapporté des échantillons nouveaux, mais c'est surtout à Liebmann (1841-1843) et à Fr. Müller (1853) qu'on doit la plus grande connaissance de cette partie de la cryptogamie. D'autres botanistes ont aussi apporté dans ces derniers temps le tribut de leurs persévérantes recherches et parmi ceux-ci l'on doit citer MM. Sartorius, Sumichrast, Sallé, Chrismar, Schmitz, Heller, Bourgeau et Hahn. Tout le territoire du Mexique est cependant loin d'avoir été exploré. Le plus grand nombre des récoltes ont eu lieu le long de la route de la Vera-Cruz à Mexico et le pic d'Orizaba en a fourni le contingent le plus considérable. Les environs de Mexico paraissent avoir été le centre des recherches de M. Bourgeau. Les environs du pic d'Orizaba ont été plus particulièrement explorés par Liebmann, F. Müller et M. Sartorius, tandis qu'Andrieux visitait Oaxaca, M. Sallé, Cordova et M. Hahn, Jalapa. En dehors de ces quatre localités citées comme centres d'exploration, nous ne connaissons presque rien.

Quoiqu'il en soit et malgré le peu d'étendue de la zône étudiée, nous pouvons constater dès à présent au Mexique l'existence de près de 400 espèces de Mousses dont plus des 3/4 sont spéciales à cette région.

Quand on examine l'ensemble de la végétation muscinale du Mexique, on est frappé dès l'abord de la grande analogie qui existe entre les genres de cette région et ceux de l'Amérique centrale, particulièrement des provinces de l'Amérique équinoxiale, telles que la Guyane, la Nouvelle-Grenade. Huit genres seulement paraissent spéciaux au Mexique tandis que plus des trois quarts des espèces sont particulières à cette région.

De même que M. Fournier l'a fait remarquer pour les Fougères, les Mousses du Mexique se répandent peu ou point vers l'ouest ; elles se disséminent au sud et surtout à l'est. Ainsi, sur 360 espèces que j'ai étudiées, 8 se retrouvent vers le sud des États-Unis, 11 dans les Antilles, 28 dans la Nouvelle-Grenade, et 5 dans la Guyane ou la Colombie. Si l'on suit leur dissémination dans l'Amérique du Sud, on en trouve 10 au Brésil et 6 au Chili ou au Pérou. Elles s'arrêtent peu aux Canaries où, malgré les recherches attentives dont ce groupe d'îles a été l'objet, on n'en a encore observé que 2 ; mais elles s'étendent sur les rives de la Méditerranée, en France et en Algérie, et gagnent même le Cap et l'Ile Bourbon. L'Asie ne présente que 2 espèces mexicaines, ainsi que la Nouvelle-Hollande et les Moluques une seule.

Parmi les Mousses cosmopolites et qui étendent leur aire jusqu'en Europe, il convient de signaler :

Le *Dicranum flagellare* Hedw., qui se trouve assez communément dans les Vosges et l'ouest de la France ainsi qu'aux Canaries, en Asie et dans les deux Amériques ;

L'*Eustichium norregicum* Br. et Sch., indiqué par Desvaux en Norvège, et qu'on ne rencontre qu'en Islande et dans l'Amérique septentrionale ;

Le *Trichostomum crispulum* Bruch, qui offre de si grandes variations et qui, assez fréquent sur les bords du Rhin et en Suisse, abonde dans les parages de la Méditerranée, en Europe et en Algérie ;

Le *Barbula cæspitosa* Schwgr., si fréquent dans le Midi, et qu'on retrouve dans le nord de l'Afrique et dans les deux Amériques ;

Le *Funaria calvescens* Schwgr., qui remplace au Mexique le *Funaria hygrometrica* (dont il n'est pour quelques auteurs qu'une simple variété), abonde dans la région tropicale et dans la partie méridionale de l'Europe, ainsi qu'aux Canaries ;

Le *Leptobryum piriforme* Sch., assez rare aux environs de Paris et que l'on rencontre dans toutes les parties de l'Europe, de l'Asie et de l'Amérique ;

Le *Bryum argenteum* L., si abondant en Europe et qui se trouve dans les parties les plus froides comme dans les régions les plus chaudes de l'Asie, de l'Afrique, de l'Amérique et même de l'Australie ;

Le *Mnium rostratum* Schrad., qui présente les mêmes habitats ;

Le *Neckera pennata* Hedw., qui croît indifféremment en Finlande comme au Cap, et se trouve dans toute l'Europe ainsi que dans le nord de l'Amérique ;

Le *Daltonia splachnoides* Hook. et Tayl., qui paraissait jusqu'ici spécial à l'Irlande :

Le *Thuidium minutulum* Br. et Sch., que l'on rencontre assez rarement en France et en Allemagne, et qui est très-abondant dans l'Amérique du Nord.

Un fait digne de remarque, c'est que certains genres ne paraissent pas représentés au Mexique. On ne signale du moins jusqu'ici aucune espèce appartenant aux genres *Cynodontium, Dicranodontium, Tetraphis, Distichium*. Les familles ou tribus des Phascacées, Séligériées, Blindiées, Splachnacées, Méesiacées, Aulacomniées, Timmiées et Buxbaumiacées, n'ont aucun représentant connu dans la région. Quelques genres très-nombreux en espèces européennes, tels que les *Weisia, Pottia, Rhacomitrium, Orthotrichum, Encalypta, Mnium, Brachythecium, Eurhynchium, Plagiothecium, Amblystegium, Sphagnum* et *Andreæa*, n'offrent qu'une ou deux espèces au plus qui soient propres au Mexique.

D'un autre côté, certains de ces genres sont remplacés par des genres voisins qui en tiennent lieu dans cette partie du monde. C'est ainsi que les genres *Leucobryum, Orthotrichum, Ulota*, très-faiblement représentés au Mexique, sont remplacés par les genres *Octoblepharum, Macromitrium, Schlotheimia :* les *Ceratodon stenocarpus, Barbula obtusissima, Braunia secunda, Pogonatum Orizabanum, P. cylindricum, Polytrichum juniperiforme, Thuidium mexicanum, Ptychomitrium lepidomitrium*, tiennent lieu des *Ceratodon purpureus, Barbula ruralis, Braunia sciuroides, Ptychomitrium polyphyllum, Pogonatum alpinum, Polytrichum juniperinum, Thuidium tamariscinum*.

Les genres exotiques propres au Mexique sont les suivants : *Microdus, Campylochætium, Symblepharis, Micromitrium, Acrocryphæa, Dendropogon, Haplohymenium* et *Rozea*.

Les genres les mieux représentés sont les suivants :

Anœctangium	5	espèces.	Pogonatum	11	espèces.
Dicranum	7	—	Cryphæa	25	—
Campylopus	16	—	Neckera	16	—
Fissidens	6	—	Pilotrichella	14	—
Trichostomum	8	—	Meteorium	7	—
Barbula	19	—	Lepidopilum	6	—
Grimmia	7	—	Cylindrothecium	12	—
Zygodon	8	—	Rozea	7	—
Macromitrium	7	—	Leptohymenium	7	—
Brachymenium	10	—	Thuidium	8	—
Webera	5	—	Rhynchostegium	6	—
Bryum	13	—	Hypnum	12	—

Quant aux espèces que nous n'avons pu nous procurer et qui sont comprises dans ce travail, elles sont suivies du signe :·.

Les ouvrages et herbiers qui ont été consultés par l'auteur sont les suivants :

1° Ouvrages :

BRIDEL .... *Bryologia universa*, 1826.

BRUCH, SCHIMPER et GÜMBEL, *Bryologia Europæa*.

C. MÜLLER..... *Synopsis Muscorum*, 1849-1851.

C. MÜLLER..... Articles dans le *Botanische Zeitung*.

LORENTZ ...... *Pugillus specierum novarum exoticarum*, in *Moosstudien*. Leipzig, 1864.

DUBY .... *Choix de Cryptogames exotiques*, 1ʳᵉ note communiquée le 4 juillet 1867.

HAMPE........ *Species Muscorum novæ Mexicanæ*, in *Verhandlungen der. k. k. zool.-botanischen Gesellschaft in Wien*, 7 avril 1869.

DUBY........ *Choix de Cryptogames exotiques*, 2ᵉ note communiquée le 1ᵉʳ février 1869.

MITTEN .... *Musci Austro-Americani* in *The Journal of the Linnean Society*, vol. XII, 1869.

HAMPE .... *Species Muscorum novæ Mexicanæ*, in *Botanische Zeitung*, 1870, n° 4.

2° Herbiers :

L'herbier du Muséum d'histoire naturelle de Paris, qui renferme les collections mexicaines de Humboldt et Bonpland, Andrieux, Galeotti, Ghiesbreght, Liebmann (en partie), Bourgeau et Hahn ;

L'herbier légué au Muséum par Montagne, qui ne contient que des espèces récoltées par Liebmann ;

Le riche herbier de M. Schimper, dans lequel l'auteur a trouvé les mousses de Liebmann non encore publiées et celles de Sartorius et de Fr. Müller ;

Les herbiers de M. le comte Jaubert, de M. Le Dien et de M. Cosson.

Paris, 1ᵉʳ juin 1871.

Le travail qui suit fait partie du Compte-rendu de l'exploration scientifique du Mexique ; il est sous presse à l'Imprimerie Nationale depuis 1870, mais les circonstances malheureuses dans lesquelles la France s'est trouvée en 1870 et 1871, ainsi que la situation budgétaire de 1872, n'ont pas permis de le publier en temps utile. L'auteur de la partie bryologique a cru devoir en devancer la publication et faire imprimer séparément ce qui se rapporte aux Mousses.

CONSPECTUS SYSTEMATIS
QUOD IN ENUMERATIONE SECUTUS SUM.

MUSCI ACROCARPI.

ORDO I. CLEISTOCARPI.

ORDO II. STEGOCARPI.

FAMILIA I. WEISIACEÆ.

      Gen. 1. Gymnostomum.
         2. Anœctangium.
         3. Weisia.

FAM. II. DICRANACEÆ.

      Gen. 1. Trematodon.
         2. Microdus.
         3. Angstrœmia.
         4. Dicranella.
         5. Dicranum.
         6. Campylopus.
         7. Campylochætium.
         8. Pilopogon.
         9. Holomitrium.

FAM. III. LEUCOBRYACEÆ.

      Gen. 1. Leucobryum.
         2. Octoblepharum.

FAM. IV. FISSIDENTACEÆ.

      Gen. 1. Fissidens.
         2. Conomitrium.

FAM. V. SELIGERIACEÆ.

      Gen. 1. Seligeria.

FAM. VI. POTTIACEÆ.

    TRIB. I. POTTIEÆ.

        Gen. 1. Pottia.
            2. Didymodon.
            3. Syrrhopodon.

    TRIB. II. DISTICHIEÆ.

        Gen. 1. Eustichium.

    TRIB. III. CERATODONTEÆ.

        Gen. 1. Ceratodon.

    TRIB. IV. LEPTOTRICHEÆ.

        Gen. 1. Leptotrichum.
            2. Symblepharis.

    TRIB. V. TRICHOSTOMEÆ.

        Gen. 1. Trichostomum.
            2. Barbula.

FAM. VII. GRIMMIACEÆ.

    TRIB. I. GRIMMIEÆ.

        Gen. 1. Grimmia.
            2. Rhacomitrium.

    TRIB. II. HEDWIGIEÆ.

        Gen. 1. Hedwigia.
            2. Hedwigidium.
            3. Braunia.

    TRIB. III. PTYCHOMITRIEÆ.

        Gen. 1. Ptychomitrium.

    TRIB. IV. ZYGODONTEÆ.

        Gen. 1. Zygodon.
            2. Macromitrium.
            3. Micromitrium.
            4. Schlotheimia.

Ordo III. **CLADOCARPI**.

Fam. I. FONTINALACEÆ.
Gen. 1. Fontinalis.

Fam. II. CRYPHÆACEÆ.
Gen. 1. Cryphæa.
2. Acrocryphæa.
3. Dendropogon.

MUSCI PLEUROCARPI.

Ordo IV. **PLEUROCARPI**.

Fam. I. NECKERACEÆ.
Trib. I. LEUCODONTEÆ.
Gen. 1. Astrodontium.
2. Prionodon.
3. Cryptotheca.

Trib. II. NECKEREÆ.
Gen. 1. Phyllogonium.
2. Neckera.
3. Homalia.

Trib. III. PILOTRICHEÆ.
Gen. 1. Pilotrichella.
2. Meteorium.
3. Callicosta.
4. Pterobryum.

Fam. II. DALTONIACEÆ.
Gen. 1. Daltonia.
2. Lepidopilum.
3. Hookeria.

Fam. III. FABRONIACEÆ.
Gen. 1. Fabronia.

Ordo V. **HYPOPHYLLOCARPI.**

Fam. I. HYPOPTERYGIACEÆ.

Gen. 1. Helicophyllum.
2. Hypopterygium.
3. Rhacopilum.

MUSCI SPURII.

Fam. I. ANDREÆACEÆ.

Gen. 1. Andreæa.

Fam. II. SPHAGNACEÆ.

Gen. 1. Sphagnum.

MUSCI MEXICANI

SIVE

ENUMERATIO MUSCORUM OMNIUM MEXICANORUM
HUCUSQUE COGNITORUM.

Ordo I. MUSCI CLEISTOCARPI.

(Nulla species cognita.)

Ordo II. MUSCI STEGOCARPI ACROCARPI.

Familia I. WEISIACEÆ.

Genus I. GYMNOSTOMUM Bryol. Eur.

1. G. ORIZABANUM Sch. in herb. — *G. rupestri* simile sed minus elatum; folia conformia minora papillosa; capsula in pedicello brevi, pallide castanea nitida longicollis, operculo longiore, oblique rostrato, annulo nullo; sporæ minutissimæ.

Rio Blanco, Orizaba (F. MÜLLER, 1853).

2. G. INCURVANS Sch. in herb. — Caulis gracilis semi-uncialis, inferne ferrugineus tomentosus, apice glauco-viridis, laxe cæspitans inferne ramosus, ramis apice incurvis; folia longe linearia obtuse acuminata, margine plano integro, dissita, papillosa, humida erecto-patula, sicca coriacea subnitentia apice valde incurva, costa subcontinua. Cætera ignota.

Cerro del Borrego (F. MÜLLER, 1853).

Genus II. ANŒCTANGIUM Br. et Sch.

1. A. LIEBMANNI Sch. in herb. — Planta pusilla, in genere minima, dense compacta, e basi rufescens, apice luteo-viridis, ramis brevissimis paucis inferne subnudis; folia apice caulis

comantia, linearia, lanceolata, papillosa, flexuosa, obtusa vel
mucronata dense quadrato-areolata, costa lata papillosa pallida,
perichætialia late ovata margine papillosa, hyalina cuspidata,
costa sub apice desinente, cellulis laxe quadratis; archegonia
8-10 brevia, paraphysibus paucis brevioribus; capsula in pedicello flexuoso luteo, minuta pyriformis, brevicollis, rufa, lævis.

In monte Orizabensi LIEBMANN in herb. Mus. Par.

2. A. APICULATUM Sch. in litt. — Pusillum laxe cæspitans;
caulis brevissimus læte viridis, paucifolius, innovationibus
erectis brevibus 4-6^{mm} haud excedentibus, folia comantia late
lanceolata, papillosa, obtusa, plicata; perichætialia longiora
ovato-lanceolata apiculata, subconvolutacea, lævia; capsula in
pedicello brevissimo flavido, ovato-pyriformis, straminea vel
rufula nitens, minuta; operculum longissimum basi rubrum,
obliquo sæpe subhorizontali rostro; sporæ minutissimæ.

A. *Breuteliano* proximum, gracilius, ramis paucifoliis, foliis
apice comantibus atque colore læte viridi facile distinguendum.

Mirador LIEBMANN; *Orizaba* (*Fimbriariæ* et *Targioniæ*
associatum BOURGEAU legit).

3. A. BREUTELIANUM Br. et Sch. (*Zygodon pusillus* C. Müll.
Syn. I, p. 684; *Gymnostomum euchlorum* Schwg.).

Orizaba LIEBMANN in herb. MONTAGNE.

4. A. GLAUCESCENS Sch. in litt. — A. *Breuteliano* proximum,
sed cæspitibus compactis, caulibus minoribus, ramis incurvatis,
foliis spiraliter crispatis, obtusis, subcrenulatis, capsula graciliore longicolli, operculo capsulam subæquante distinctum.

Cordova (F. MÜLLER).

5. A. CONDENSATUM Sch. — Elatum, compacte cæspitosum,
parce ramosum vel ramis 3-4 fasciculatis, inferne ferragineum,
superne pallide viride; folia humida erecto-patula, sicca vix
torquata, angusta linearia, margine papillosa, costa sub apice
evanida; perichætialia externa late vaginantia, e medio pellucida, denticulata subito apiculata acumine integro, interna
multo longiora ovato-lanceolata cuspidata concava e medio

serrata, superne integerrima. Capsula in pedicello obliquo, ovata, collo pro capsula longo, leviter striata, ore coarctata; operculum.....

Inter *A. compactum* et *A. Breutelianum* medium.

Cerro Leon prope *Orizaba* (LIEBMANN); in sylva *San Nicolas*, valle Mexicensi (BOURGEAU, septembre 1865, nº 1352).

GENUS III. WEISIA Hedw.

SECTIO RHABDOWEISIA.

1. W. VULCANICA C. Müll. *Syn.* I, p. 649.

Mexico (EHRENBERG ex MÜLLER). †

FAMILIA II. DICRANACEÆ.

GENUS I. TREMATODON Rich.

A. *Capsula gymnostoma.*

1. T. NITIDULUS Sch. — Monoicus; affinis *Trematodonte paradoxo* Hsch. Planta tenella laxe cæspitosa; folia basi ovato-lanceolata, subito linearia obtusa, integra vel cellulis prominentibus subcrenulata, cellulis basilaribus hyalinis, supernis utriculo primordiali præditis; capsula brevicollis minuta, globoso-elliptica, erecta, gymnostoma, rufa nitens; annulus persistens; operculum longe obliquo-rostratum; sporæ magnæ, rugosæ, olivaceæ.

Orizaba (F. MÜLLER in herb. SCHIMPER).

B. *Capsula peristomata.*

2. T. LONGICOLLIS Rich. (C. Müll. *Syn.* I, p. 458).

Mirador (SARTORIUS in herb. SCHIMPER).

GENUS II. MICRODUS Sch.

Weisia Schwgr., *Angstrœmia* C. Müll., *Seligeria* [pro parte] C. Müll., *Dicranoweisia* Sch.

Planta dioica, ramosa; capsula erecta oviformis, microstoma, collo subnullo, operculo oblique longirostro, annulo duplici; peristomii dentes breves, fugacissimi, lacunosi, in crura duo subæqualia fissi, calyptra cucullata.

Genus exoticum inter *Weisias* atque *Dicranellas* medium tenet.

1. M. LIEBMANNI Sch. in litteris. (*Angstrœmia microdonta* C. Müll. *Syn.* II, p. 606; *Dicranum microdus* Kze in herb. Mus. par. [coll. Schimp.]; *Dicranoweisia microdonta* Sch. olim).

Prope *Mirador* (LIEBMANN in herb. MONTAGNE).

2. M. OVATUS Besch. — Præcedenti similis sed minor; folia caulina flexuosa, erecto-patula, superiora subsecunda, lanceolata, minus ovata, haud amplexicaulia, longiora subulata, minus cuspidata; capsula ovata microstoma, operculo longe rostrato obliquo, annulo brevi; peristomii dentes minuti, vix ad medium bifidi, ferruginei, cruribus minutis apice pallescentibus dense trabeculatis; calyptra cucullata; sporæ minores.

Mirador (SARTORIUS, SCHIMPER comm.).

3. M. SARTORII Sch. (*Dicranella Sartorii* Sch. in litt.). — *M. Liebmanni* simillimus, sed minus ramosus; folia perichætialia late convolutacea, longius cuspidata, setacea; folia caulina basi lata haud angusta; capsula minor; operculum oblique longirostrum.

Huatusco (SARTORIUS).

4. M. LONGIROSTRIS Sch. (*Weisia longirostris* Schwgr.; *Seligeria longirostris* C. Müll. *Syn.* I, p. 421).

In monte Orizabensi (LIEBMANN in herb. Mus. Par., coll. SCHIMPER).

GENUS III. ANGSTRŒMIA Br. et Sch.

Plantæ elatæ, julaceæ filiformes; folia densissime appressa amplexicaulia, perichætialia congesta, costa longissima, flexuosa, summa cellulis flexuosis angustissimis; capsula breviter exserta, erecta, cylindrica; peristomii dentes ut in *Dicranaceis*.

Obs. Ce genre se rapproche du genre *Dicranella* Sch. par le péristome ; mais il en diffère totalement par le port des plantes, la disposition, la forme et le réseau des feuilles. Il semble d'ailleurs impossible, étant donné l'*Angstræmia longipes* Br. et Sch. comme type du genre *Angstræmia,* de maintenir ce groupe de plantes dans le genre *Dicranella.* Aussi n'hésitons-nous pas à adopter le genre *Angstræmia* Br. et Sch. (*non* Müll.), qui comprendrait dès à présent les *A. longipes* Sch., *A. andicolæ* C. Müll., *A. Gayana* C. Müll. et les deux espèces suivantes.

1. A. VULCANICA C. Müll. in *Syn.* 1, p. 427.

In monte Orizabensi (LIEBMANN et F. MÜLLER).

Obs. — L'*Angstræmia brevipes* Hpe, dont nous n'avons pas eu d'échantillons complets entre les mains, paraît se rattacher à ce genre.

GENUS IV. DICRANELLA Br. et Sch.

1. D. MÜLLERI Sch. in herb. — Dioica ; laxe cæspitosa lutescens, caulis minutulus ; folia caulina erecto-patula, flexuosa, distantia, basi ovato-lanceolata, longe cuspidata margine integerrimo omnino revoluto, juniora perfecte lineari-lanceolata plana ; costa sub apice excurrente ; planta mascula gracilescens flore ad basin caulis nascente. Capsula in pedicello rubente flexuoso, recta vel pendula oblongo-ovata, operculo recto brevi subulato.

Cordova (F. MÜLLER, 1853).

2. D. LIEBMANNIANA C. Müll. sub *Angstræmia* in *Syn.* II, p. 605.

Prope *Mirador* (LIEBMANN).

3. D. BRACHYBLEPHARIS C. Müll. sub *Angstræmia* in *Syn.* I, p. 435.

Prope *Jalapa* (DEPPE et SCHIEDE). †

4. D. COMPACTA Sch. (*Angstræmia compacta* C. Müll. *Syn.* II, p. 606).

Santa Gertruda, Talea (LIEBMANN).

Genus V. DICRANUM Hedw.

1. D. CÆSPITANS Sch. in herb. — *D. montano* proximum.
Dioicum, late cæspitosum, tenellum, gramineo-lutescens, fascicu-
latum, ramis brevibus curvatis; folia caulina flexuoso-crispa
subsecunda minuta lanceolata subulata integerrima, costa lata
lævi cum limbo continuo margine involuto recurvo, cellulis
basilaribus amplis subvesiculiformibus, aliis quadratis subpellucidis, superioribus incrassatis; perichætialia ovato-lanceolata
longiora subsecunda; capsula in pedicello brevi pallide rubro
tortili flexuoso, minuta regularis ovata inclinata, operculo curvato subulirostro; sporæ minutæ.

Santa Gertruda (LIEBMANN in herb. MONTAGNE).

2. D. FLAGELLARE Hedw.; C. Müll. *Syn.* I, p. 381.

Orizaba (LIEBMANN).

3. D. SCOPARIOIDES Sch. in herb. — Affine *D. scopario*, sed
magis compactum, ramis minoribus, foliis erecto-patulis vel
strictis; foliis perichætialibus loriformibus, acumine longe
flexuoso denticulato.

Orizaba (F. MÜLLER).

4. D. MEXICANUM Sch. in herb. — Habitu *Dicrano majori*
simile; caulis elatus rufescens, apice lutescens, parce ramosus;
folia secunda homomalla canaliculata basi lata concava late auriculata rufescente, e medio ad apicem grosse et irregulariter serrata, costa plana lata superne dorso dentata. Perichætium longe
vaginans; folia subito constricta longe loriformia serrata, intima
longiora submutica vel minus cuspidata. Capsula solitaria ut in
D. scopario, pedicello longiore purpureo torto, sporis impleta
viridi-lutescens costata arcuata, evacuata suberecta nigrescens,
collo defluente, operculo rostrato curvato. Peristomii dentes
breviores, bi-trifidi atro-purpurei erecti vel subincurvi.

Orizaba (LIEBMANN).

5. D. ANDRIEUXII Besch. — Monoicum; cæspites condensati;
caulis rufescens nitens curvatus, valde tomentosus; folia cau-

lina inferiora erecto-patula flexuosa, superiora laxe stricta, a basi late ventricosa, lanceolata subulata, canaliculata, concava, costa excurrente basi lata, dorso et apice obtuse serrata ; cellulis elongatis parietibus valde interruptis, alaribus valde ventricosis parietibus crassis ; perigonium ovatum infra perichætium productum, foliis obtusis ovatis integerrimis ; perichætium longe exsertum cylindricum, foliis erectis valde convolutaceis, externis obtusis, internis subito angustatis cuspidatis loriformibus, cuspide integerrima. Capsula in pedicello solitario flexuoso, longe cylindrica magna, madida erecta, sicca curvata castanea, ore coarctata. Peristomii magni dentes incurvi, cruribus longe coalescentibus solo apice separatis ; operculum ? — Inter *D. undulatum* Turn. et *D. Schraderi* Hedw. medium.

Totoniho et *Chiquo* (ANDRIEUX in herb. Mus. Par.).

6. D. RHABDOCARPUM Sull. in Mitten, *Musci austro-americani.*

Orizaba, alt. 11,500 ped. (GALEOTTI n° 6874 in herb. Mus. Par.).

7. D. LOPHONEURON C. Müll. *Syn.* II, p. 589.

Prope *Mechoacan, cerro San Andres* (CHRISMAR). ⸶

GENUS VI. CAMPYLOPUS Brid.

A. *Folia epilifera.*

1. C. PUSILLUS Sch. in herb. — Folia caulina inferne ovato-lanceolata stricta, superiora erecto-patula subsecunda amplexicaulia late ovata longe cuspidata integerrima flexuosa, costa lata. Capsula in pedicello cygneo brevi, ovato-elliptica. Peristomii dentes minuti, annulo lato ; operculum atque calyptra mihi ignota.

Orizaba (F. MÜLLER).

2. C. VITZLIPUTZLI Ltz. in *Pug.* — Caulis biformis, sterilis valde radiculosus, foliis uniformibus laxe imbricatis patentibus tectus; fertilis foliis arctissime appressis julaceus; e capitulo innovans; perichætia numerosa in capitulo e foliis late ovato-lanceolatis composito inclusa. Folia caulium sterilium patentia laxe imbri-

cata late lanceolata, longe apiculata, costa excedente, apice denticulato, cæterum integra, apice involuta; folia caulium fertilium anguste lanceolata, stricta longe apiculata, julaceo-appressa; comalia late ovato-lanceolata costa excedente brevi apiculata; perichætialia e basi lata vaginante laxe texta subito setaceo-apiculata, apiculo dentato, supra hyalino. Rete generis, cellulæ alares brunneæ tumescentes. Capsula in pedicello cygneo glabro, ovalis, brevis, collo valde exasperato. (Ltz *loco citato*). — *C. exasperato* affinis.

Ad urbem *Mejico* (Schmitz).

3. C. leucogaster C. Müll. sub *Dicrano* in *Syn*. I, p. 387.

Prope *Jalapa* (Deppe et Schiede). †

4. C. bicolor Sch. (*Dicranum bicolor* Hsch.; C. Müll. *Syn*. I, p. 392).

Orizaba (Liebmann).

5. C. flagellaceus C. Müll. sub *Dicrano* in *Syn*. II, p. 597.

Cerro San Andres in prov. *Mechoacan* (Chrismar). †

6. C. Chrismari C. Müll. sub *Dicrano* in *Botan. Zeit*. 1855, p. 761. — Dioicus; cæspites elongati viridescentes, densiusculi; caulis longus gracilis flexuosus inferne nudus, superne paucifolius, apice falcato-foliosus, parce dichotomus, vix vel parum tomentosus; folia caulina laxe conferta subsecunda, elongate lanceolato-subulata, ubique canaliculata, semi-convoluta, costa latissima applanata laminam fere totam occupante percursa, summo apice denticulata; perichætialia basi longa laxissime reticulata, majora, ad subulam latiora, apice margine et dorso serrulata; capsula in pedicello cygneo lævi brevi ovalis parva æqualis, sicca virescens striatula, operculo conico, subulato, subobliquo rubro nitenti; calyptra glabra breviter fimbriata obtecta. Peristomium angustatum purpureum. (C. Müll., *loc. cit.*).

Dicrano denudato habitu affinis et similis, sed pedunculo distincte cygneo calyptraque fimbriata longe refugiens.

Prope *Mechoacan* (V. Chrismar). †

7. C. **Hellerianus** Hpe sub *Dicrano* in *Spec. Musc. Nov. Mex.*
— Caulis elatus triuncialis adscendens, basi tomentosus, stric-
tiusculus, subrigidus, masculus capitato-incrassatus, interdum
comosus, lutescens; folia stricta, caulina humida paulo patentia,
comalia strictiora, omnia lanceolata convoluto-setacea, apice
parce eroso-dentata; costa latissima lamellata folium fere totum
occupante, pallide rubente; cellulis alaribus paucis vesiculosis
luteis, in limbo lutescente anguste ellipticis, versus apicem sensim minoribus. Cætera desunt. (Hpe *loco citato*). *C. rosulato* Hpe
ex auctore affinis.

Huatusco, alt. 4,500 p., ad arbores (C. **Heller**). †

B. *Folia pilifera.*

8. C. **lævigatus** Sch. ; C. Müll. sub *Dicrano* in *Syn.* II,
p. 601.

Orizaba, in montibus (**Liebmann**).

9. C. **lamellicosta** Sch. ; C. Müll. sub *Dicrano* in *Syn.* II,
p. 601.

La Foga (**Liebmann**).

10. C. **Liebmanni** Sch. ; C. Müll. sub *Dicrano* in *Syn.* II,
p. 601.

Chinantla (**Liebmann** in herb. Mus. Par.); *Jalapa* (**Hahn,**
sept. 1866).

11. C. **nigrescens** Duby in *Choix de cryptogames exot.,* 1867.

Mirador, prope *San Andres* (**Sumichrast**). *C. Richardi*
affinis. †

12. C. **strictus** Sch. in herb. — Laxe cæspitosus, caulis gracilis biuncialis erectus radiculosus atrorufescens, ramis gracilibus lutescentibus ; folia caulina inferiora stricta brevipila
angusta lanceolata apice canaliculata, pilo sublævi, superiora
comantia duplo longiora, pilo longissimo argute serrato, basi
membranacea subauriculata decurrentia cellulis laxis amplis
composita, costa dilatata 3/4 folii occupante lamellata, lamellis
numerosis latis ; capsula mihi ignota.

A *Campylopode Liebmanni*, etiamsi proximus, caule tamen erecto graciliore, colore ramorum novellorum stramineo, primo visu differt.

Rio de Orizaba (F. Müller).

13. C. LUTESCENS Sch. ; C. Müll. sub *Dicrano* in *Syn.* II, p. 602.

In monte Orizabensi (LIEBMANN); in sylva prope *San Nicolas* in valle Mexicensi (BOURGEAU n° 1328).

14. C. PILOSISSIMUS Sch. in herb. — Caulis robustus uncialis vel minor, inferne rufescens, superne luteus; folia caulina inferiora longipila apice serrata, superiora longiora pilo longissimo folium subæquante valde serrato canaliculato, a basi angusta haud auriculata, cellulis longis tenuibus rectangularibus composita; costa lamellosa, lamellis numerosis; capsula mihi ignota.

Mirador (SARTORIUS).

15. C. LURIDUS Sch. in herb. — Caulis nigrescens brevis semiuncialis vel uncialis radiculosus; folia lurida late lanceolata a basi angusta haud auriculata, cellulis infernis rectangularibus membranaceis, aliis dense chlorophyllosis, summa canaliculata longipila, pilo dentato; fructus mihi ignotus.

Orizaba (F. Müller).

GENUS VII. CAMPYLOCHÆTIUM Besch.

Folia obtusa ligulata mollia serrata, tenuicostata. Capsula in pedicello arcuato, ovato-cylindrica lævis; annulus magnus; operculum longe rostratum. Peristomium ut in genere *Campylopode*. Calyptra cucullata basi integra.

Genus proprium a genere *Campylopode* forma capsulæ et pedicello curvato recedit, sed calyptra basi non fissa atque foliis obtusis ligulatis longe differt. A genere *Dicranodontio*, etiamsi proximum, foliorum tamen forma et costa diversum.

1. C. MEXICANUM Besch. — Laxe cæspitans, caulis pusillus viridis, 1-2-ramosus; folia caulina crispata longe linearia lin-

guæformia apice obtusa eroso-denticulata, costa angusta flava ante apicem evanida; cellulis chlorophyllosis apice puncti-formibus basi rectangularibus; perichætialia similia. Capsula in pedicello cygneo, pallide purpureo, ovato-cylindrica lævis, collo longo. Peristomii dentes purpurei bifurcati cruribus longe subulatis satis longe coalescentibus, inferne dense articulatis, superne papillosis tenuissimis; annulo magno; operculo longe subulato; calyptra conica basi integra.

Dicranum Sellowii Hsch.; *Angstræmia Hillariana* C. Müll. *Syn.* 1, p. 442.

In monte Orizabensi (LIEBMANN in herb. MONTAGNE); *Mirador* (SARTORIUS in herb. SCHIMPER).

GENUS VIII. PILOPOGON Brid.

1. P. CALYCINUS Sch.; C. Müll. *Syn.* II, p. 588.

Laguna de Talea (LIEBMANN in herb. Mus.Par.).

GENUS IX. HOLOMITRIUM Brid.

1. H. SERRATUM C. Müll. *Syn.* II, p. 587; *Leptodontum brevirostrum* Mitt. in *Musci Austro-Americani,* p. 50.

OBS. — La plante décrite par M. Mitten sous le nom de *Leptodontium brevirostrum* se rapporte entièrement à *Holomitrium serratum,* tant sous le rapport du réseau et de la forme des feuilles caulinaires que sous celui de la longueur des feuilles périchétiales.

In monte Orizabensi (LIEBMANN); Mexico (COULTER in herb. HOOKER).

FAMILIA III. LEUCOBRYACEÆ.

GENUS I. LEUCOBRYUM Hpe.

1. L. MINUS Hpe in *Linn.* XVIII, p. 42. (*Leucobryum vulgare* C. Müll. var β *minus* in *Syn.* I, p. 75).

Mejico (LIEBMANN in herb. Mus. Par.).

Genus II. OCTOBLEPHARUM Hedw.

1. O. albidum Hedw.; C. Müll. *Syn.* I, p. 86.

In sylvis, 3000 p. (Galeotti nº 6871 in herb. Mus. par.); *Rio blanco* (F. Müller); *Izhuatlancillo*, in regione Orizabensi (Bourgeau, nº 2762).

Familia IV. FISSIDENTACEÆ.

Genus I. FISSIDENS Hedw.

1. F. subcrenatus Sch.; C. Müll. *Syn.* II, p. 531.
Mirador (Liebmann).

2. F. tortilis Hpe et C. Müll. in *Bot. Zeit.* 1864, p. 340, et Mitten in *Musci Austro-Americ.*, p. 597.

In regione Orizabensi (Bourgeau, *Funariæ calvescenti* associatus, Nº 3296).

3. F. circinans Sch.; Mitten, *Musci Austro-Amer.* p.587. — *Fissidenti adiantoidi* proximum, sed foliis siccitate circinantibus, apice acuminatis, ligulatis, anguste linearibus, capsula sicca eurystoma.

Orizaba (F. Müller in herb. Schimp.).

4. F. Bourgæanus Besch. — Dioicus; caulis 5-8 cent. longus, superne viridis, inferne fuscescens, parce ramosus; folia caulina multijuga conferta oblongo-lanceolata acuminata apice subtortilia, ala dorsali supra basin costæ enata rotundata haud decurrente, cellulis magnis rotundatis composita; omnia costa ante apicem evanida, serrulata ob cellulas marginales tabulæformes densissime congestas submarginata; perigynia 2-3 in foliorum axillis; perigonia atque capsulæ?...

In valle Cordovensi (Bourg.).

5. F. polypodioides Hedw.; C. Müll. *Syn.* I, p. 52.
Mejico (Ghiesbreght in herb. Mus. Par.).

6. F. GRANDIFRONS Brid.; Br. et Sch. *Bryol. Europ.*

Var. *strictus* Besch. — Caulis grisco-viridis, lutescens, folia madefacta erecto-patula. (*F. strictus* Sch. in herb.; *F. insignis* Sch. in herb. LORENTZ ; Mitten, in *Musci Austro-Amer.* p. 583).

Mejico, Orizaba (F. MÜLLER).

GENUS II. CONOMITRIUM Montg.

1. C. JULIANUM Montg. var. *Mexicanum* Sch.; *C. Mexira-num* C. Müll. in *Bot. Zeit.* 1860; *Fissidens Mexicanus* Mitt. in *Musci Austro-Amer.* p. 584.

Folia lamina dorsali pro more ad basin jam enata instructa.

Orizaba (F. MÜLLER in herb. SCHIMP.).

2. C. RETICULOSUM C. Müll. *Syn.* II, p. 525.

Mirador (LIEBMANN).

FAMILIA V. SELIGERIACEÆ.

GENUS I. SELIGERIA Br. et Sch.

1. SELIGERIA GLOBIFERA Hpe in *Bot. Zeit.* 1870, n° 4. — « Dioica?, dense aggregata, gregaria, lutescente-viridis, infra fuscata. Caulis brevissimus erectus, conglobatus. Folia in globulos convoluta, ovalia, subcucullato-concava, obtusissima, integerrima, costa crassa lutescens apice abrupta, cellulis basilaribus subquadratis lævioribus, pellucidis, in superiori parte folii dense aggregatis, minoribus, lucide granulatis ; perichætialia convoluta longiora, erecta, cellulis basilaribus parallelogrammicis, superioribus subellipticis lævioribus, magis pellucidis, minus nervosa. Capsula in pedicello gracillimo 4–6 lineari flavide rubente erecto, oblongo-cylindrica, annulata. Peristomii dentibus brevibus subulatis, torulosis, rubris ; operculo conico-subulato, capsulam tertiam partem vix metiente, obliquo. Calyptra angusta, demum fuscata. »

Ex habitu *Trichostomi obtusifolii,* cum eo commixtum lecta ;

colore lutescente viridi aliena, inter Seligerias ob capsulam cylindricam singularis. (Hpe, *loco citato*).

Ad saxa calcarea pr. *Vera Cruz* (Stredel). †

Familia VI. POTTIACE.E Sch.

Tribus I. *POTTIEÆ* Sch.

Genus I. POTTIA Ehrh.

1. P. Mexicana Hpe; C. Müll. *Syn.* I, p. 554.; *Tortula Mexicana* Mitt. *Musci Austro-Amer.* p. 166.

Mejico (ex C. Müller). †

Genus II. DIDYMODON Hedw.

1. D. Mexicanus Besch. — Monoicus ? Dense cæspitosus; caulis brevis 6–8^{mm} longus, innovationibus ad comam fertilem oriundis dichotomus; folia caulina laxe imbricata lanceolata cuspidata acuminata integerrima, margine recurvo, cellulis superne quadratis chlorophyllosis papillosis, inferne rectangularibus hyalinis areolata. Capsula exacte cylindrica recta apice coarctata annulata, operculo conico rostrato rectiusculo crasso purpureo. Peristomium griseum dentibus brevissimis 4-5-nodosis crassis punctulatis arcte cohærentibus.

Mejico, in societate *Barbulæ spiralis*, 27 sept. 1865 (Bourgeau).

2. D. æneus Sch., C. Müll. sub *Trichostomo* in *Syn.* II, p. 628.

Orizaba (Liebmann). †

Genus III. SYRRHOPODON Schw.

Sectio I. Hyophilidium C. Müll.

1. S. circinatus Sch. non Mitt. — Caulis elatus fasciculato-ramosus rufescens superne luteo-viridis, ramis laxe foliosis;

folia longissima, sicca erecto-patentia rigidiuscula tortilia apice circinata, a basi membranacea vaginante excavata, linearia acutissima integra papillosa, margine undulato inflexo, rufescentia, costa lata ultra apicem producta. Cætera desunt.

Orizaba, Cordova (F. Müller, 1853).

Sectio II. Orthotheca C. Müll.

2. S. Hobsoni Hook. et Grev. ; C. Müll. *Syn.* I, p. 534.
Mejico (in herb. Schimp.); *Huatusco* (Sartorius).

Section III. Eusyrrhopodon C. Müll.

3. S. albovaginatus Schwgr. ; C. Müll. *Syn.* I, p. 541.
Mirador (Liebmann in herb. Mus. Par.).

4. S. parvulus Sch.; C. Müll. *Syn.* I, p. 544.
Mirador (C. Müll. *loc. cit.*).

Tribus II. *DISTICHIEÆ* Sch.

Genus I. EUSTICHIUM Br. et Sch.

1. E. Norvegicum Br. et Sch. in *Bryol. Europ.*; C. Müll. sub *Eustichia* in *Syn.* I, p. 42, et II, p. 523 ; *Bryoziphium Norvegicum* Mitt. in *Musci Austro-Amer.* p. 580.

Obs. — Les échantillons mexicains de cette plante offrent tous, dès la base de la tige, des feuilles cuspidées, tandis que dans les échantillons de la même mousse récoltés aux Etats-Unis, à l'exception des cinq ou six feuilles supérieures, les feuilles sont obtuses et subémarginées, et telles que les représentent d'ailleurs très-bien les planches du *Bryologia europœa*; la lame dorsale est en outre plus développée dans la plante mexicaine et les tiges sont deux ou trois fois plus grandes.

Mejico (Liebmann); in sylva *della Desierta Vieja*, in valle Mexicensi (Bourgeau n° 1233).

TRIBUS III. *CERATODONTEÆ* Sch.

GENUS I. CERATODON Brid.

1. C. STENOCARPUS Br. et Sch.; C. Müll. *Syn.* I, p. 647.

Mejico (LIEBMANN); in monte Orizabensi (GALEOTTI in herb. MONTAGNE); in valle *Mejico* (BOURGEAU n^{is} 1225, 1226.)

Species non satis nota.

2. C. PERICHÆTIALIS Sch. in herb.

Orizaba, alt. 10000 p. (LIEBMANN in herb. SCHIMPER).

TRIBUS IV. *LEPTOTRICHEÆ.*

GENUS I. LEPTOTRICHUM Hpe.

SUBG. DITRICHUM Hpe.

1. L. LEPTOCARPUM Sch. in herb. — Monoicum, dense pulvinatum, nitens viridi-fuscescens, subfastigiatum; folia stricta apice comosa flexuosa vel sæpe secunda, basi late ovalia, subito subulato-elongata, superne denticulata, costa lata basi 1/3 folii latitudinis occupante, supra folii medium canaliculata; perichætialia vaginantia longissime subulata, denticulata. Flores masculi gemmacei sub perichætio in foliorum axillis positi; foliis perigonialibus latis ovatis apice obtusis hyalinis. Calyptra longe cucullata ad mediam capsulam producta. Capsula in pedicello pallido flexuoso 10-15^{mm} longo, erecta vel paululum inclinata, exacte cylindrica, gracilis, pallide viridis, sicca evacuata grisea, ore nigro, annulo lato revolubili, operculo longe conico subulato purpureo. Peristomii dentes subulati, longi, a basi purpurea ad apicem grisco-nigrescentes, papillosi.

Orizaba, Santa Cruz (F. MÜLLER in herb. SCHIMPER); in sylva *del Desierto Viejo* frequens ad arborum cortices (BOURG. n° 1341).

2. L. MEXICANUM Sch. in herb. — Monoicum, laxe cæspitosum, glauco-viride; caulis prostratus dein erectus, parce divisus basi nuda rufus, apice viridis; folia caulina superiora con-

gesta flexuosissima integerrima, ovali-lanceolata subito linearia longissima; perigonialia vaginantia; perichætialia longe subvaginantia longissima integerrima. Capsula in pedicello rufo contorto, longe cylindrico-arcuata late annulata. Peristomii dentes longi scabri. Calyptra atque operculum desunt.

L. leptocarpo simile, sed habitu robustiore, foliis glauco-viridibus integris, pedicello rufo longe differt.

Ad terram in monte Orizabensi (F. Müller in herb. Sch.).

3. L. **Mittenii** Besch. (*Atractylocarpus Mexicanus* Mitt. in *Musci Austro-Amer.*, p. 71).

Affine *L. Mexicano* Sch., sed foliis nitentibus brevioribus subdenticulatis primo visu differt; *L. lectocarpo* proximum, foliis tamen brevioribus atque foliis perigonialibus haud obtusis, longe cuspidatis, capsula minore leviter arcuata distat.

Sierra Madre, in Mexico boreali-occidentali (**Seemann**, nº 1924).

Genus II. SYMBLEPHARIS Mtgne.

1. S. **helicophylla** Mtgne; C. Müll. *Syn.* 1, p. 461.

In prov. Oajacensi (**Andrieux** in herb. Mus. Par.); in cavernis aluminatis ad pedem montis *Cerro de los Nobejos* (C. **Ehrenberg**); *Orizaba* (F. **Müller**); in valle Mexicensi ad arbores frequens (**Bourg.** nº 1312).

2. S. **Chrismari** C. Müll. *Syn.* II, p. 614.

In ligno putrido, in ditione *Mechoacan; Cerro San Andres*, prope *Jalapa* (**Chrismar**). †

Tribus V. *TRICHOSTOMEÆ.*

Genus I. TRICHOSTOMUM Hedw.

1. T. **dicranelloides** Sch. (*Leptotrichum dicranoides* C. Müll. *Syn.* II, p. 612; *Trichostomum leptorrhynchum* Sch. in herb. Mus. Par.).

Mirador, in argillosis (**Liebmann** in herb. Mus. Par.); *Mejico* (F. **Müller**).

2. **T. inclinans** Sch. in herb. — Dioicum; laxe cæspitosum; caulis semiuncialis vel uncialis, erectus vel curvatus, gracilis, simplex; folia longe vaginantia dissita, subito attenuata, acumine tortili, squarroso-reflexa, integra vel minutissime papillosa, costa lata excurrente; perichætialia longius vaginantia, convoluta. Capsula in pedicello flexuoso sæpe omnino versus terram reflexo purpureo semiunciali, solitaria vel geminata, ovata obliqua incurva exannulata brevicollis intense ferruginea. Operculum... Peristomii dentes subulati lati rufi incurvi vel subcontorti, parce hygroscopici.

Habitu *T. dicranelloidi* simile, sed statura majore, foliis longe vaginantibus, convolutaceis dissitis primo intuitu longe differt.

Mejico (F. Müller); cum *T. dicranelloide* mixtum.

3. **T. campylocarpum** C. Müll. *Syn.* II, p. 628. (*T. inclinatum* Sch. in litt. non C. Müll.).

San Andres de Huastepec (Liebmann). †

4. **T. obtusifolium** Hpe in *Bot. Zeit.* 1870, nº 4. — Dioicum, perpusillum, saturate viride, gregarie saxo arcte adfixum. Caulis brevissimus paucifolius. Folia margine erecto concava, inferiora minora, obtuse ovata, superiora longiora obtuse lingulata, sicca involuto-conglobata, integerrima humida subcucullato-concava patenti erecta, costa lutescente apice evanida, cellulis basilaribus subquadratis hyalinis, cæteris dense aggregatis minimis granulosis, griseo-viridi opacis, folium perichætiale unicum convolutum laxius reticulatum, fere totum hyalinum, subecostatum. Seta gracillima erecta (4-6''') e flavo demum rubens. Capsula erecta angusta, parce oblique ellipticocylindrica, brunnescens, operculo brevi conico-rostrato rubro, capsula quadruplo breviore. Peristomium annulo hyalino circumdatum, intense rubrum, dentibus profunde bifidis, cruribus subulatis rugulosis. Calyptra angusta fuscata.

Trichostomo brevicauli Hpe proximum, differt foliis obtusissimis, cellulis in superiore parte folii minimis, opacis, quoque dentibus peristomii profundius partitis, annulo latiore circumdatis. (Hpe, *loco citato*).

Pr. *Vera Cruz*, ad saxa calcarea (Strebel). †

5. T. CRISPULUM Br. ; Br. et Sch. *Bryol. Eur.* ; C. Müll. *Syn.* 1, p. 571.

In Mexico (LIEBMANN in herb. SCHIMPER).

6. T. SUBANOMALUM Besch. — Monoicum. *T. anomalo* Sch. simillimum, sed foliis minus latis acutioribus, costa latiore plicata crassiore e cellulis 4-seriatis latis composita, flore masculo axillari gemmiformi differt.

In monte Orizabensi (GALEOTTI n° 6973 ; *Mejico* (BOURG.) n° 1357 pro parte).

7. T. BESCHERELLI Sch. in litt. — Laxe cæspitosum, luteum vel intense viride, molliter erectum; caulis semiuncialis vel minor, subsimplex ; folia curvato-patentia basi late concavo-lanceolata, obtusa vel ligulato-apiculata, margine inferne flexuoso cæterum plano, integra vel apice obtuse denticulata, costa rufa lata sub apice desinente ; cellulis basi rectangularibus pellucidis, apice minute quadratis dense chlorophyllosis. Capsula in pedicello rubello recto vel flexuoso, longe cylindrica erecta vel leviter curvula, minute annulata, gymnostoma. Calyptra cucullata magna circum capsulam æquilongam contorquata. Operculum breve apiculatum. Sporæ tenellæ.

A *Didymodonte flexifolio* Hook. et Tayl., cui proximum, capsula tamen gymnostoma, calyptra majore, foliis haud serratis longe differt.

Trichostomum gymnostomum Sch. in herb. ; *Didymodon macromitrium* Sch. (Lorentz mihi comm.).

Mirador (LIEBMANN) ; *Mejico* (F. MÜLLER).

8. T. RAMULOSUM Sch. in herb. — Dioicum ; caulis humilis 5-10ᵐᵐ longus, primo decumbens, infra comam ramulis elongatis gracilibus innovans, atro-viridis ; folia ut in *Ceratodonte purpureo*, ovato-lanceolata erecto-patula, sicca parce tortilia subappressa minute papillosa, basi pellucida tetra-hexagona, superne minute quadrato-areolata, apice integerrimo, canaliculata, margine revoluto, costa lata dorso papillosa. Flos masculus in caule proprio terminalis, foliis ovato-acuminatis, costatis, integris papillosis. Capsula in pedicello semiunciali vel minore rubello,

ovato-cylindrica lævis, rufula, minute annulata. Peristomii dentes ut in genere. Operculum longe conicum rubrum.

In Mexico (F. Müller).

9. T. ULOCALYX C. Müll. *Syn*. I, p. 578.

In *Mexico* (DEPPE et SCHIEDE). ÷

10. T. STELLATUM C. Müll. *Syn*. 1, p. 580. — *Trichostomum fimbriatum* Sch. in herb.

Orizaba (F. Müller).

11. T. LUTEOLUM Besch. — Dioicus. Caulis elatus e medio pluries divisus biuncialis robustus, inferne decumbens fusce-scens, superne strictus luteolus pallide glauco-viridis, haud tomentosus, solum radicellis paucis præditus, ramis subuncia-libus erectis robustis; folia caulina longissima sicca magis tortilia, madida squarrosa late complicato-lanceolata undulato-flexuosa, apice angusta e medio ad apicem usque serrato-papil-losa, supra medium remote denticulata, margine plano, cellulis e basi angusta usque ad medium hyalina submembranaceis longe rectangularibus lævibus, aliis papillosis inferne minute rectangularibus, superne quadrato-rotundatis. Cætera desunt.

Ex habitu *T. aggregato* C. Müll. simile, sed notis supra expo-sitis longe differt; affine *T. stellato* C. Müll.

Orizaba (FR. Müller).

Genus II. BARBULA Brid.

SUBG. BARBULA Sch.

Sectio 1. Unguiculatæ.

1. B. GRACILESCENS Sch. in herb. — Habitu *B. gracilis* formis minoribus simillima, sed folia caulina siccitate subtorquata e cellulis latioribus basi hexagonalibus areolata; perichætialia ovato-lanceolata minus longe cuspidata; capsula annulata; peristomii membrana brevior.

Vera Cruz, 1853 (F. Müller in herb. SCHIMPER).

2. B. **GRACILIFORMIS** Sch. in herb. — Cæspites densi, facile dilabiles ; caulis 10-15^{mm} elatus, strictus vel sæpe geniculatus gracilis, simplex vel dichotome ramosus, inferne fuscescens, apice viridi-fuscus ; folia caulina sicca subimbricata stricta sub-squarrosa, in parte exteriore delapsa, humida erecto-patula ovato-lanceolata et lanceolata, superiora longiora, margine e basi usque apicem versus revoluta, costa crassa ; perichætialia longiora longe lanceolata concava, margine inferne plano, apice in subulam flexuosam producto. Capsula in pedicello rubello, cylindrica curvula rufa annulata. Operculum purpureum breve. Peristomium ob capsulas immaturas non vidi.

B. gracili similis, sed foliis siccis cuspide in uno latere dejectis, capsula annulata longiore, operculo minore differt. Habitu *B. vineali* proxima.

Prope *San Nicolas*, in valle Mexicensi (BOURG. n° 1355).

3. B. **LEPTOCARPA** Besch. — Caulis gracillimus simplex prostratus viridis ; folia caulina sicca appressa subcontorta, humida erecto-patula viridia, minuta lanceolata linearia apice rotundata canaliculata grosse areolata, margine revoluto ; perichætialia multo longiora a basi lanceolata margine suberosa e medio usque infra apicem anguste linearia revoluta canaliculata ; omnia costa crassa excurrente. Capsula in pedicello rubello tenuissimo, gracilenta elliptica erecta minute annulata pallide rufa, senior atro-rufa ore coarctata ; operculum subaciculare 2/3 partem capsulæ æquans. Peristomii membrana brevissima, dentibus 1-2 torquatis.

A *Barbula gracili* differt : foliis caulinis angustioribus lanceolatis linearibus apice rotundatis haud cuspidatis, perichætialibus margine crenulatis usque apicem versus revolutis, peristomio minus torquato, capsula annulata. Habitu *Leptotricho tenui* similis.

In regione Orizabensi (BOURG.).

4. B. **BOURGÆANA** Besch. — Cæspites lati, laxiusculi. Caulis adscendens semiuncialis fastigiate ramosus inferne fuscescens, superne glauco-viridis ; folia appressa imbricata sicca apice subtortilia, ovato-lanceolata acuminata carinata subpapillosa,

marginibus reflexis apice confluentibus, costa excurrente, superiora latiora longioraque ; perichætialia longe lanceolata e basi ad medium plana angusta, apice subrevoluta, cuspide longiuscula. Capsula in pedicello longo purpureo superne rubello, ovato-cylindrica erecta leptoderma annulata , operculo longo rubello fere capsulam æquante. Peristomii dentes parce torquati fere liberi, membrana brevissima.

B. graciliformi proxima, sed foliis imbricatis minus cuspidatis, perichætialibus latioribus longius cuspidatis, capsula longiore erecta, operculo multo longiore differt.

In monte *Zacoalco* prope *Guadalupe*, e valle Mexicensi (BOURG. n° 1321).

5. B. ERYTHROPODA Sch. in herb. — Affinis *B. fallaci*, sed foliis caulis longioribus, foliis perichætialibus ovato-lanceolatis, intimis erectis lanceolatis appressis, operculo multo longiore, capsula minutissime annulata differt.

San Cristobal (F. MÜLLER in herb. SCHIMPER).

6. B. RIGIDULA Besch. — Caulis elatus semiuncialis viridifuscescens parce ramosus ; folia caulina inferiora rigidula, superiora sicca crispata subsecunda, humida squarroso – recurva, ovato-lanceolata longe cuspidata arcuata apice flexuosa margine recurva, costa crassa ferruginea. Perichætium hexaphyllum strictum, foliis longe lateque lanceolatis subamplexicaulibus, cuspide longissime flexuosa, margine revoluto. Capsula cylindrica ore angusta minute annulata. Operculum purpureum aciculare capsulam dimidiam æquans. Peristomium 2-torquatum, membrana vix exserta.

B. fallaci habitu, foliorum forma et directione, capsula cylindrica simillima, sed foliis caulinis magis cuspidatis, foliis perichætialibus cuspide arcuatis, capsula annulata longe differt.

Prope *Guadalupe*, e valle Mexicensi (BOURG. n° 1321, pro parte).

7. B. RUFIPES Sch. in herb. — Caulis gracilis fusco-viridis subsimplex vel sub perichætio parce innovans ; folia sicca tor-

quata, madida erecto-patula, ovato-lanceolata opaca subobtusa integerrima basi revoluta, costa lata sub apice evanida; perichætialia stricta convolutacea longe cuspidata. Capsula in pedicello brevi rufo-purpureo, cylindrica castanea exannulata; operculum longe cuspidatum. Peristomium deest.

Vera-Cruz (F. MÜLLER in herb. SCHIMPER).

8. B. OLIVACEA Besch. — Dioica. Cæspites condensati humiles olivacei, basi fuscescentes. Caulis simplex vel innovando ramosus, rigidiusculus; folia caulina madida erecto-patentia, sicca imbricata ovali-lanceolata carinata revoluta, basin versus plana, costa crassa excurrente; folia perichætialia externa caulinis similia, interna breviora elongato-lanceolata plana hyalina. Capsula in pedicello inferne purpureo superne flavicante contorto, ovata elongato-elliptica, operculo longissimo capsulam subæquante. Cætera desunt.

Affinis *B. gracili*, sed statura majore, foliis perichætialibus minoribus, operculo longiore primo visu differt.

Ad viarum latera, prope *Santa Fe*, in valle Mexicensi (BOURG. n° 1231).

9. B. TERETIUSCULA Sch.; C. Müll. *Syn.* 1, p. 614.

In monte Orizabensi (LIEBMANN).

10. B. VINEALIS Brid.; Sch. *Bryol. Europ.*

Forma *gracilis*, in silva *San Nicolas*, valle Mexicensi (BOURG. n° 1339 pro parte).

11. B. FERRUGINEA Sch. in herb. — Dioica; caulis elongatus simplex vel parce innovans ferrugineus; folia sicca torquata, humida valde squarrosa, integerrima, basi cordata, longe cuspidata, margine revoluto, costa sub apice finiente, valde papillosa. Capsula deest.

San Cristobal (F. MÜLLER in herb. SCHIMPER).

12. B. GRAMINICOLOR C. Müll. *Syn.* 1, p. 611.

B. atlantica Sch. in herb. Mus. Par.

Orizaba (LIEBMANN in herb. Mus. Par.).

13. B. **flaccidiseta** Ltz in *Puy.* — Dioica ; *B. gracili.* affinis,
sed multo tenerior, colore læte viridi, foliis minoribus, laxius
textis, perichætialibus subito apiculatis, apiculo longissimo cir-
rhato. Præterea primo intuitu differt pedicellis longissimis flacci-
dis, supra flavis, capsula longa angustissime lineari. Flores masculi tumide gemmacei. (Ltz *loco citato*).

Ad urbem *Mejico* (Schmitz).

14. B. **spiralis** Sch. ; C. Müll. *Syn.* 1, p. 622.

Mirador (Liebmann) ; in silvis prope *San Nicolas*, et in
glareosis prope *Tacubaya* (Bourg. n° 688).

Sectio II. Tortuosæ.

15. B. **cæspitosa** Schwgr. (*B. Northiana* Grev.; C. Müll. *Syn.*
I, p. 602 ; *B. cirrhata* Bryol. Europ.).

Var. *abbreviata* Sch.

Mejico (Liebmann in herb. Mus. Par.; *Mejico, Papaolle*
(in herb. Montagne).

16. B. **trichostomoides** Besch. — Dioica, laxe cæspitosa elata ;
caulis viridi-rubescens, 3-4 cent. elatus ; folia a basi conferta
vaginantia subito-patula tortilia, undulata madefacta squarroso-
circinata, elongato-lanceolata, revoluta remote crenulata, costa
lata rubra sub apice tiniente vel parum excedente ; perichætialia
externa valde longe vaginantia subito patula cuspidata squarrosa, costa longius excedente, interna tria stricta convolutacea
superne divergentia. Capsula in pedicello longissimo pallide
purpureo, elongata exacte cylindrica, arcuata vel subrecta pal-
lescens, operculo conico recto purpureo parvo. Peristomii dentes
e membrana brevi pluries contorti.

Affinis *B. tortuosæ*, sed foliis crenulatis haud cuspidatis,
margine revoluto, habitu peculiari primo visu differt.

In valle Mexicensi, silva *della Desierta Vieja* (Bourg.
n° 1335).

Subg. SYNTRICHIA.

17. B. **glacialis** Kze ; C. Müll. *Syn.* I, p. 624.

In monte Orizabensi Liebmann in herb. Mus. Par.).

18. B. **Ehrenbergiana** C. Müll. *Syn.* 1, p. 636.

Mejico (Ehrenberg). ⁒

19. B. **obtusissima** C. Müll. *Syn.* I, p. 640.

Mejico (Ehrenberg) ; *Pedregal*, prope *Santa Fe*, in valle Mexicensi (Bourg. n° 1328).

Familia VII. GRIMMIACEÆ Sch.

Tribus I. *GRIMMIEÆ* Sch.

Genus I. GRIMMIA Ehrh.

Subg. PLATYSTOMA C. Müll.

1. G. **fuliginosa** Sch.; C. Müll. *Syn.* I, p. 778.

In summo monte Orizabensi, alt. 14,000 p. (Liebmann).

2. G. **Schiedeana** C. Müll. in *Botan. Zeitung*, 1855, p. 765. — Cæspites dense pulvinati sordide virides ; caulis erectus innovando ramosus subhumilis ; folia caulina laxe conferta, inferiora e basi oblonga concava subito lanceolata obtusa depilia, cymbiformi-concava, superiora majora et in pilum longum albidum strictum denticulatum producta, omnia integerrima margine erecta, recurvula, costa valida sordide flavida excurrente percursa; folia perichætialia exserta majora longiora, basi angustata, margine tenuiter et laxe reticulata, sursum dilatata semiconvoluta, multo laxius areolata, longissime flexuosa pilosa. Capsula in pedicello perbrevi fructum superante emersa, aperta urniformi-ovalis eurystoma, parvula; calyptra glabra. C. Müll, *loco citato*.

Mejico (Deppe et Schiede. — A *G. fuliginosa* capsula emersa foliisque inferioribus depilibus jam recedit. ⁒

3. G. **imberbis** Kze; C. Müll. *Syn.* I, p. 778.

Mejico, Nevada de Toluca (Haun).

4. G. **fusco-lutea** Hook.; C. Müll. *Syn.* I, p. 790.

In frigidis pr. *Toluca, Istahuaca* (Humboldt et Bonpland); prope *Jalapa* (Bonpland, in herb. Mus. Par. ; in monte Orizabensi (Deppe et Schiede, in herb. Le Dien.

5. G. **Pennsylvanica** Schw.; *G. pilifera* P. B.; C. Müll. *Syn.* I, p. 792.

Prope *Mejico* (**Liebmann** in herb. **Schimper**).

Subg. GUMBELIA.

6. G. **laxa** C. Müll. sub *Gumbelia* in *Syn.* I, p. 771.

In monte Orizabensi (**Deppe** et **Schiede** in herb. **Montagne**).

7. G. **ovata** Web. et Mohr.; Sch. in *Bryol. Europ.*

In monte Orizabensi, alt. 14,000 p. **Liebmann** in herb. **Montagne**.

Genus II. RHACOMITRIUM Sch.

1. R. **cylindricum** Sch.; C. Müll. sub *Grimmia*, in *Syn.* I, p. 805.

In monte Orizabensi **Liebmann**, in silva *della Desierta Vieja* (**Bourgeau**).

Tribus II. *HEDWIGIEAE* Sch.

Genus I. HEDWIGIA Ehrh.

1. H. **subrevoluta** C. Müll. sub *Pilotricho* in *Syn.* II, p. 165.

Ad saxa, prope *Malpays de la Joya* **Schiede**; in locis non indicatis **Ehrenberg**.

Genus II HEDWIGIDIUM Br. et Sch.

1. H. **squarrulosum** Br. et Sch. *Neckera sphærocarpa* C. Müll. *Syn.* II, p. 105.

Mejico C. **Ehrenberg** in herb. **Montagne**.

Genus III. BRAUNIA Br. et Sch.

1. B. **secunda** Br. et Sch.; C. Müll. sub *Neckera*, in *Syn.* II, p. 103.

In montibus apricis, juxta *Toluca*, ad imum montem apice perpetua nive obtectum **Humboldt** et **Bonpland** in herb.

Mus. Par.; in saxis prope *Malpays de la Joya* (Schiede, sept. 1829); in aliis locis (C. Ehrenberg ; Andrieux in herb. Montagne); in saxis, *San-Pedregal*, prope *San-Geronimo*, aug. 1865 (Bourg. n° 687); prope *Santa-Fe*, in valle Mexicensi (Bourg. n° 1329).

2. B. Andrieuxii Ltz *Pugillus nov. spec. exot. Moosstudien...*, 1864. — Monoica ; cæspites laxi elongati, plantæ vage ramosæ, stolonibus microphyllis declinatis, radicantibus. Caulis densifolius, foliis siccis erectis imbricatis, udis reflexis, horizontalibus haud secundis. Folia late ovato–acuminata, apice obtuso eroso, distincte longitudinaliter plicata, margine erecto haud reflexo. Flores masculi discoidei, antheridiis et paraphysibus plurimis. Folia perigonialia late ovato–apiculata apice erosa, interna minima. Folia perichætialia vaginantia longe lanceolata, maxime longitudinaliter plicata, apiculo sensim attenuato erecto eroso. Capsula in pedicello glabro dextrorsum torto, elliptica, sub ore constricta. (Ltz *loco citato*).

B. sciuroidi simillima, differt autem foliis perichætialibus angustioribus longioribus, distinctissime longitudinaliter plicatis, floribus masculis discoideis, foliis perigonialibus omnibus apiculatis apice erosis. A *B. macropelma* jam foliorum forma, a *B. Liebmanni* jam capsula longe distat.

In monte *San-Felipe*, prope *Oajaca* (Andrieux).

3. B. Liebmanniana Sch.; C. Müll. sub *Neckera* in *Syn.* II, p. 668.

In monte Orizabensi (Liebmann); in sylva *della Desierta Vieja*, nov. 1865 (Bourgeau).

Tribus III. *PTYCHOMITRIEÆ* Sch.

Genus I. PTYCHOMITRIUM Br. et Sch.

1. P. lepidomitrium Sch.; C. Müll. sub *Brachysteleo* in *Syn.* I, p. 767.

In monte Orizabensi (Liebmann; Galeotti n° 6972 in hb. Mus. Par.); in valle Mexicensi prope *San Nicolas* (Bourg. n° 1353).

2. P. Reichenbachianum Ltz sub *Brachysteleo*, in *Pug. nov. spec. exot...* — *P. polyphyllo* proximum, a quo autem differt habitu graciliore (haud, ut in illo, subscopario), foliorum cellulis minutioribus, magis incrassatis, margine in apice argutius serrato, pedicello brevi, capsula anguste cylindracea, calyptra apice scabro.

Mejico (Schmitz.— Species dubia, an præcedentis forma?

3. P. serratum Sch.; C. Müll. sub *Brachysteleo* in *Syn.* I, p. 768.

In monte Orizabensi Liebmann. †

Tribus IV. *ZYGODONTEÆ.*

Genus I. ZYGODON Hook. et Tayl.

Sectio Euzygodon C. Müll.

A. *Folia integra.*

α. *Peristomium simplex.*

1. Z. affinis Sch. in herb. — Dioicus, habitu *Zygodonti Liebmanni* affinis, sed minus, cæspitibus dense compactis, foliis angustioribus minutissime papillosis. Capsula minuta longicollis; calyptra infra medium producta. Planta mascula brevicaulis dense cæspitosa, perigonio terminali, foliis externis costatis, ovato-lanceolatis apice papillosis, intimis ovatis lævibus basi angustis subecostatis; antheridiis paucis crassis, paraphysibus longioribus cylindricis.

Ad arborum truncos, *Orizaba* Liebmann in herb. Mus. Par. .

2. Z. cylindricus Sch.; C. Müll. *Syn.* I, p. 672.

Orizaba Liebmann ex C. Müller. †

2. Z. Liebmanni Sch.; C. Müll. *Syn.* I, p. 672.

Orizaba, ad arborum truncos Liebmann .

β. *Peristomium duplex.*

4. Z. **SPATHULÆFOLIUS** Besch. — Dioicus ; dense cæspitosus humilis, radiculosus erectus fastigiate ramosus rufo-viridis ; folia caulina flexuosa spathulato-oblonga valde papillosa, papillis margine prominulis, cellulis superne rotundatis, ad basin hexagonis areolata, costa excurrente ; folia perichætialia similia. Capsula in pedicello breviusculo, erecta vel paulo inclinata piriformis longicollis, sicca 8-costata badia. Peristomium duplex, dentes externi 8-bigeminati late plani, interni ejusdem formæ, breviores. Planta mascula similis, perigonio axillari 7-8-foliato, foliis costatis, 5-6 antheridiis ovatis, paraphysibus filiformibus paucis acutis.

Zygodonti Brebissoni similis, sed foliis spathulatis et peristomio interno primo visu longe differt.

Prope *Mejico*, in sylva *della Desierta Vieja*, sept. 1855 (BOURG. n° 1324).

5. Z. **ANGUSTATUS** Sch.; C. Müll. *Syn.* I, p. 676.
In monte Orizabensi LIEBMANN . ✝

6. Z. **EHRENBERGII** C. Müll. *Syn.* I, p. 676.
In Mexico (EHRENBERG in herb. MONTAGNE.

B. *Folia dentata.*

7. Z. **CIRCINATUS** Sch. in herb. — Dioicus ; laxe cæspitosus inferne tomentosus rufus, superne glauco-viridis, ramis brevibus ; folia caulina madida squarrosa recurva, sicca torquata longe lanceolato-ligulata, basi angusta vel angustissima, cellulis quadratis hyalinis, medio flexuosa, aliis recurvatis, apice serrata, minutissime punctata, costa ante apicem evanida ; folia perichætialia subconformia, longiora latioraque. Capsula in pedicello longo recto rubello, ovato-cylindrica, gymnostoma, brevicollis. Operculum breve conicum.

Cordoca (F. MÜLLER).

8. Z. **CAMPYLOPHYLLUS** C. Müll. *Syn.* I, p. 680.
In Mexico (EHRENBERG. ✝

Genus II. MACROMITRIUM Brid.

Sectio Macrocoma Hsch.

1. M. (*Macrocoma*) Leiboldtii Hpe in *Bot. Zeit.* 1870, n° 4.— *Macromitrio filiformi* Schw. simile, differt: foliis humidis magis patentibus, cellulis magis papillosis, lucide diaphanis, minus chlorophyllosis ; perichætialibus latioribus longioribusque plicato-striatis, crassinerviis, cellulis inferioribus elongatis, linearibus, intermediis rectangulis isolatis, lævibus, marginalibus ovalibus lucide papillatis; perichætio paraphysibus elongatis piloso ; capsula elliptico-cylindracea, brevicollis ; calyptra laxius pilosa, aurea.

Pr. *Vera Cruz* Strebel. ✝

2. M. Mexicanum Mitt. in *Musci Austro-Americ.* p. 198.

Præcedenti affine, sed foliis magis longioribus atque papillosis cellulis minoribus.

Oajaca in herb. Van den Bosch ex Mitten.

3. M. Ghiesbreghtii Besch. — Monoicum ; caulis repens lutescens, ramis filiformibus rigidis irregulariter pinnatis clavatis flavis ; folia stricta basi concava lanceolata acuta integra parce papillosa, madida patula margine recurvo ; perichætialia patula magis acuta. Flos masculus gemmiformis axillaris ; folia perigonialia medio ob cellulas prominentes dentata, costata. Antheridia pauca ovata brevia, paraphysibus subclavatis. Capsula in pedicello brevi purpureo, ovato-cylindrica leviter striata lutescens. Operculum conicum aciculare. Calyptra campanulata laciniata rufescens pilis obtecta. Vaginula valde pilosa. Peristomium? Sporæ magnæ, virides.

Mejico, 1845 Ghiesbreght in herb. Mus. Par.

Var. brevifolium, ramis gracilioribus foliis brevioribus latioribus, pedicello longiori.

Orizaba F. Müller.

SECTIO LEIOSTOMA Mitt.

4. M. SUMICHRASTI Duby in *Choix de cryptogames*...... 1867, p. 7. — Dioicum, prorepens unciale et altius, ramis erectis simplicibus vel 1-2 ramulis brunneo-fuscis apice viridibus cylindricis ; folia imbricata sicca subspiraliter contorta lineari-lanceolata elongata acuta, apice serrato-dentata, facie externa papillosa ; perichætialia longe elongata aristata subintegra. Capsula in pedicello 3-4 breviore globoso-urceolata lutescens, operculo e basi conico-globosa recto, aciculari. Calyptra aurea e medio multifida, glaberrima. Peristomium simplex e membrana truncata hyalina brevi compositum. (Duby *loco citato*. Affine *M. urceolato* Schw.

Ad arbores, in terris calidis (SUMICHRAST). ✝

5. M. FLEXUOSUM Sch. in hb. (non Mitten). — *M. tortuoso* proximum. Caulis obscure viridis gracilior longus flexuosus inferne subnudus, ramis apice decumbentibus ; folia sicca flexuosa madida erecto-patula ut in *M. longifolio*, cellulis basi longe papillosis. Capsula ore coarctata ovata profunde plicata. Calyptra et operculum desunt.

Orizaba (F. MÜLLER in herb. SCHIMPER).

6. M. PENTASTICHUM C. Müll. *Syn.* I, p. 731.
Oajaca, Mirador (herb. DOZY ex MITTEN).

7. M. TOMENTOSUM C. Müll. *Syn.* I, p. 734.
Mejico (GALEOTTI in herb. Mus. Par.).

8. M. TORTUOSUM Sch. in herb. — *Macromitrio longifolio* Brid. simillimum, sed caulibus fuscescentibus, foliis brevioribus nunc ligulatis mucronatis, nunc cuspidatis valde papillosis differt.

Mejico, San Miguel (LIEBMANN in herb. Mus. Par.) ; *Orizaba* (F. MÜLLER).

9. M. MÜLLERI Sch. in herb. — Monoicum ; caulis repens denudatus, ramis erectis subsimplicibus elongatis e basi sub-

nudis, ferrugineis, superne viridibus ; folia tortilia lanceolata squarrosa, margine plano, e basi papillosa, superne ob cellulas prominentes crenulata, apicem versus denticulata, costa solida papillosa; perichætialia longiora subintegra. Capsula in pedicello scabro innovationes attingente, urniformis globosa sub apice coarctata, plicata. Peristomium, operculum, calyptraque non mihi nota.

Orizaba (F. Müller in herb. Schimper).

10. M. LEPTOPHYLLUM Besch. — Monoicum ; caulis primarius longe repens, ramis obtusis brevibus densissime foliosis, basi fuscescentibus apice luteo-viridibus; folia caulina et ramulina contorta incumbentia, involutacea apice incurvo, anguste ligulata obtusa vel submucronata, costa rubra sub apice evanescente, margine eroso ob cellulas papillosas prominentes, cellulis apicalibus rotundatis, infernis hyalinis quadratis, mediis hexagonalibus minime papillosis. Flos masculus gemmiformis inter folia nascens, foliis perigonialibus ovatis amplexicaulibus aureis costa apicem recurvum haud attingente, hyalinis vel superne papillosis. Antheridia numerosa brevia crassa paraphysibus longis cincta. Perichætium minus, foliis externis lanceolatis lævibus cuspidatis, intimis valde minoribus papillosis. Capsula in pedicello tortili rubello 10-15 mm. longo, urceolato-ovata, brevicollis 8-costata. Calyptra junior plicata, parce villosa. Peristomium ob capsularum vetustatem non vidi.

Macromitrium glaucescens Sch. in litt.; *M. dentatum* Sch. in herb. (coll. Sartor.).

In Mexico, 1845 (Ghiesbreght in herb. Mus. Par.); prope *Mirador* (Sartorius in herb. Schimper).

Genus III. MICROMITRIUM Sch.

Habitus *Macromitriorum*; caulis prorepens dense cæspitosus, ramis erectis brevioribus dense compactis; folia cuspidata lanceolata concava superne subpapillosa, limbo e basi usque ad folii medium marginato lævi; costa lata lævis. Capsula in pedicello arcuato ut in g. *Campylopode*, longe cylindrica valide costata longicollis. Operculum conicum aciculare. Calyptra minuta. Peristomium . . . .

1. **M. Schlumbergeri** Sch. in herb. — Caulis primarius repens, ramis inferne ferrugineis, superne lurido-viridibus erectis, semi-uncialibus, ramulis brevissimis; folia caulina lanceolata longe cuspidata plerumque superne destructa integerrima, limbo e basi usque medium versus leviter marginato, e medio usque ad apicem leviter papilloso, costa lata canaliculata lævi sub apicem finiente; cellulis basilaribus late rectangularibus, cæteris punctatis papillosis. Capsula et operculum ut supra; vaginula compacte pilosa, tomentum radicellas torquatas simulans.

Macromitrium cylindricum Sch. (Lorentz mihi comm.); *Micromitrium prorepens* Sch. in litt.

Orizaba (F. Müller).

Genus IV. SCHLOTHEIMIA Brid.

1. **S. Sartorii** Sch. in herb. — *S. ferruginea* affinis; planta monoica intense ferruginea, ramis robustioribus, ramulis brevioribus; flos masculus minutus gemmiformis in foliorum axillis caulis fertilis infra perichætium oriundus; foliis perigonialibus late ovato-concavis costatis breviter cuspidatis hyalinis. Antheridia pauca ovata minuta, paraphysibus brevioribus paucis. Calyptra scaberrima.

Mirador (Sartorius in herb. Schimper).

2. **S. sphæropoma** Duby in *Choix de Cryptogames...*, 1867, p. 9.

Vera-Cruz, ad truncos (Sumichrast). ⁂

Tribus V. *ORTHOTRICHEÆ*.

Genus I. ORTHOTRICHUM Hedw.

1. **O. pycnophyllum** Sch.; C. Müll. *Syn.* I, p. 709.

Chinantla et *Orizaba* (Liebmann).

2. **O. recurvans** Sch.; C. Müll. *Syn.* I, p. 709.

In monte Orizabensi, alt. 8-10000 ped. (Liebmann).

Tribus VI. *ENCALYPTEÆ* Sch.

Genus I. ENCALYPTA Schreb.

1. E. Mexicana C. Müll. *Syn.* I, p. 516.

    Mejico (Ehrenberg). ÷

Familia VIII. FUNARIACEÆ.

Tribus I. *PHYSCOMITRIEÆ.*

Genus I. PHYSCOMITRIUM Brid.

1. P. subsphæricum Sch.; C. Müll. *Syn.* II, p. 544.
    Physcomitrium subrotundum Sch. in herb. Mus. Par.

    In monte Orizabensi, alt. 10000 ped. (Liebmann in herb.
Mus. Par.).

Genus II. ENTOSTHODON Sch.

1. E. longisetus Sch. in herb. — Caulis pusillus radiculosus ;
folia superiora rosulata integerrima ovata obtusa vel paululo
acuminata, costa rubente sub apice finiente. Capsula in pedicello inter 15-40^{mm} variante tortili recto vel flexuoso carneo,
erecta minuta piriformis longicollis gymnostoma. Operculum et
calyptra mihi non nota.

    San Cristobal (F. Müller).

Tribus II. *FUNARIEÆ.*

Genus I. FUNARIA Schreb.

1. F. obtusata Sch.; C. Müll. *Syn.* II, p. 540.

    Prope *Mirador* (Liebmann in herb. Mus. Par.).

2. F. annulata Besch. — *F. obtusatæ* simillima, sed differt:
foliis comalibus apice convolutaceis, crispatis difficile emollien-
tibus, capsula majore annulata, collo defluente, annulo ex duabus

seriebus cellularum composito, peristomio ampliore, dentibus majoribus, internis brevioribus, operculo plano.

Circa *Mejico* (BOURG.), cum *Bryo argenteo* mixta.

3. F. CALVESCENS Schwgr.; C. Müll. *Syn.* I, p. 107. (*Funaria hygrometrica* var. *γ calvescens* Br. et Sch.).

Jalapa (BONPLAND in herb. Mus. Par.); *Oajaca* (GALEOTTI n° 6870 in herb. Mus. Par.); circa *Orizaba* vulgaris (BOURG. n^is 3292 et 3296).

FAMILIA IX. BRYACEÆ.

TRIBUS I. *PLEUROBRYEÆ.*

GENUS I. MIELICHHOFERIA Nees et Hsch.

1. M. MACROCARPA Br. et Sch. (*M. nitida* var. *δ* C. Müll. *Syn.* I, p. 235).

Nevada de Toluca (HAHN, nov. 1865, in soc. *Andreææ turgescentis*).

2. M. SCHIEDEANA C. Müll. *Syn.* I, p. 230.

Orizaba (DEPPE et SCHIEDE). †

3. M. CAMPYLOTHECA C. Müll. *Syn.* I, p. 231.

Orizaba (DEPPE et SCHIEDE). †

TRIBUS II. *BRYEÆ.*

GENUS I. LEPTOBRYUM Br. et Sch.

1. L. PIRIFORME Br. et Sch. in *Bryol. Europ.*

In fissuris humidis rupium *Pedregal*, prope *San Angel*, in valle Mexicensi (BOURG. maj. 1865).

Genus II. BRACHYMENIUM Hook.

A. *Folia immarginata.*

1. B. **systilium** C. Müll. *Syn.* I, p. 320. — (*Acidodontium Kunthii* Hsch.).

Prope *Jalapa* (DEPPE et SCHIEDE). †

2. B. **capillare** Sch. (*Bryum capillifolium* C. Müll. *Syn.* II, p. 578).

Huatusco, Doraguia, Orizaba (LIEBMANN in herb. MONTAGNE); *Orizaba* (BOURG. n⁰ 3289, aug. 1866).

Var. *longicolle*, folia breviora, capsula longicolli angustiore.

Orizaba (BOURG. n⁰ 3289 pro parte).

3. B. **imbricatum** Sch. (*Bryum imbricatifolium* C. Müll. *Syn.* II, p. 578).

In summo monte Orizabensi (LIEBMANN, BOURG. n⁰ 3289, pro parte).

4. B. **minutulum** Hpe in *Bot. Zeit.* 1870, n⁰ 4. — Dioicum? pusillum, pulvinato-condensatum, lutescens, basi fuscatum. Caulis brevissimus gemmiformi-ovatus, vel oblongus, apice acutiusculus. Folia dense imbricata, concava, integerrima, cordato-ovata, cuspidata, costa lutescente in pilum hyalinum excedente, cellulis basi laxioribus pellucidis, versus apicem folii densioribus, chlorophyllosis, anguste rhombeis, lutescente diaphana; perichætialia crassius nervosa, laxius reticulata, subconformia. Pedicellum in caule fertili breviore gracillimum, caulem 10-plo superans 3/4″ fuscatum. Capsula subrecta, brevicollis, cylindrica, operculo conico obtusissimo.

Cum *Tricnostomo obtusifolio* intermixtum. *Brachymenio imbricato, ca. afine.*

Ad rupes pr. *Vera Cruz* (STREBEL). †

5. B. **Mexicanum** Mont.; C. Müll. sub *Bryo* in *Syn.* I, p. 252.

Ad terram, in prov. Oajacensi (ANDRIEUX in herb. MONTAGNE); in locis excelsis prope *Ario* (HUMBOLDT et BONPLAND).

6. B. tenellum Sch.; C. Müll. sub *Bryo* in *Syn.* II, p. 572.

Orizaba, inter *Philonotulas* (Liebmann).

7. B. rosulatum C. Müll. sub *Bryo*, in *Botan. Zeitung*, 1856, p. 416.— A *Bryo Mexicano* proximum, sed humillimum, ex apice rosulato semel proliferum ; folia in rosulam congesta, acumine brevi reflexo coronata, e basi usque ad acumen late-revoluta, apice serrato-dentata, veluti marginata, costa valida flava in cuspidem brevem excedente percursa; perichætialia multo minora angustiora. Capsula cylindracea longiuscula subcernua.

B. roseum referens sed quasi diminutum, characteribus laudatis facile distinguendum ; *B. Mexicano* quidem affine sed caule semel prolifero, foliis breviter cuspidatis notisque reliquis longe refugiens (C. Müll. *loco citato*).

In prov. *Mechoacan, Cerro San-Andres*. (V. Chrismar). †

B. Folia marginata.

8. B. murale Sch. in herb. — Dioicum, dense cæspitosum gracillimum ; caulis brevis simplex innovans, innovationibus sub perichætio nascentibus, inferne nudiusculis, viridi-glaucis ; folia ovalia acuminata integerrima, margine unicellulato plano, costa rubella sub apice finiente. Capsula minuta oblongo-piriformis brevicollis annulata, ore angustissimo, operculo mamillato. Peristomium ? Sporæ minutissimæ.

Cordova (F. Müller).

9. B. patulum Sch.; C. Müll. sub *Bryo* in *Syn.* II, p. 579.

Mirador, ad arbores (Liebmann) ; *Orizaba* (Bourgeau).

10. B. angustatum Sch. in herb. Laxe cæspitosum ; caulis semel proliferus basi tomentosus simplex vel 1-2 innovationibus brevibus ramosus ; folia apice in rosulam laxam congesta, strictiuscula firma flexuosa rufescentia, madida erecto-patula obscure viridia late ovata basi angusta rubella, margine usque medium revoluto superne dentato limbo marginali tribus cellulis composito ; cellulis basilaribus longe 6-gonalibus, subpellucidis, aliis mnioideis chlorophyllosis margine crasso, costa basi rubra longe excedente. Capsula in ped. 20-25mm longo flexuoso apice incurvo, cylindracea elongata stricta angusta brevicollis, operculo conico obtuso, annulo lato revolubili. Peristomii dentes externi grisei papillosi haud perforati, interni pallide flavescentes punctulati minores, ciliis nullis.

Prope *Mirador* (SARTORIUS in herb. SCHIMPER).

GENUS III. WEBERA Br. et Sch.

1. W. INTEGRIDENS Sch.; C. Müll. sub *Bryo* in *Syn*. I, p. 338.

Mejico (EHRENBERG). †

2. W. SPECTABILIS Hpe ; C. Müll. sub *Bryo* in *Syn*. II, p. 583.

Orizaba (F. MÜLLER in herb. SCHIMPER).

3. W. CYLINDRICA Sch. (*Bryum cylindricum* Montg. non Dickson). — Monoica, gregarie cæspitosa; caulis tenellus simplex vel bifurcatus 6-10mm longus inferne nudus apice dense foliosus; folia erecta firma lanceolata margine revoluta apice crenulato-dentata obtuse acuminata, costa excurrente ; cellulis opacis basi parce subpellucidis. Antheridia brevia crassa in axillis foliorum libera; folia perichætialia intima multo minora integra cuspidata. Capsula in ped. 20-25mm longo tenui, elongatissima cum collo 5 millim. longa vel longior, cylindrica angustissima leniter arcuata horizontalis vel erecta, operculo conico breve. Peristomii dentes externi lanceolato-subulati pallidi punctulati, processus in membrana trienti-breviore angusti fugacissimi, annulo lato revolubili. — Proxima *Web. integridenti*.

Mejico (LIEBMANN in herb. Mus. Par.) ; *Orizaba* (in herb. MONTAGNE ; F. MÜLLER in herb. SCHIMPER).

4. W. MÜLLERIANA Sch. in herb. — *W. cylindricæ* habitu, foliorum forma et areolatione, inflorescentia et peristomio simillima, sed tamen capsula crassiore, longissima elliptica pallide castanea erecta vel subhorizontali collo longiore plicato, operculo acutiore, pedicello inter 5 et 22mm variante differt.

In sylva *della Desierta Vieja* in valle Mexicensi (BOURG. oct. 1865).

5. W. **falcata** Besch. — Monoica ; caulis brevis rufescens; folia madida erecta, sicca erecto-patula laxe contorta, rufescentia, comalia longe spathulata basi longissima decurrentia plicata, iuferne et superne revoluta, caulina minus ovata lanceolata basi breviora, omnia superne denticulata apiculo flexuoso, cellulis margine luteis, costa excurrente vel sub apice finiente. Flos masculus terminalis gemmiformis in ramulo proprio ad imum caulium fertilis ; folia perigonialia integerrima costata, intima subecostata, paraphysibus crassis longis luteis. Capsula exacte cylindrica longe falcata ut in *Dicrano scopario*, gracilis longicollis sub ore coarctata, fuscescens, operculo conico brevi. Peristomii dentes late lanceolati margine et apice hyalini, interni æquilongi sporangio adhærentes, lanceolati pertusi, membrana longa erecto-patula, 2-ciliis interjectis brevioribus subappendiculatis.

Webera (Pohlia) campylotheca Sch. in litt.

Orizaba, alt. 10,000 ped. (**Galeotti** n° 6970 in herb. Mus. Par.).

6. W. **cruda** Br. et Sch. *Bryol. Europ.*

Mejico (**Godman** et **Salvin** ex **Mitten**). †

Genus IV. BRYUM Dill.

Sectio Julaceobryum Hpe.

1. B. **argenteum** L. Var. *corrugatum* Hampe. — Simile *Bryo argenteo*, sed collo corrugato differt.

In regione Orizabensi (**Galeotti** n° 6873 in herb. Mus. Par. ; **Bourg.** n^is 1327, 1330, 1340, 1354, 3227, 3293).

2. B. **minutulum** Sch. in herb. — Dioicum ; laxe cæspitosum sordide griseum. Caulis tenuis repens demum laxe erectus. Folia imbricata minuta late ovato-lanceolata, e basi ad medium angustissima, revoluta, viridia, superne cuspidata in apiculum longum flexuosum vel incurvum producta integerrima, costa longe excedente ; cellulis hyalinis membranaceis. Capsula in pedicello gracili plus vel minus longo rubello, pendula minuta

ut in *Bryo argenteo*, operculo sanguineo nitente conico. Peristomii dentes interni lutescentes; 2–3 cilia brevissima vix appendiculata. Sporæ minutissimæ.

Bryo argenteo affine, caule tamen grisco-viridi, foliis longe costatis, pro parte membranaceis, primo adspectu differt.

> *Orizaba* (F. Müller).

3. B. **plagiopodium** Sch.; C. Müll. **Syn**. II, p. 572.

> *Orizaba* (Liebmann). †

4. B. **brevicaule** Sch. (nec Hampe nec Wilson); Mitten *Musci Austro-Amer.* p. 303. *Bryum Liebmannianum* C. Müll. Syn. II, p. 575.

> *Orizaba* (Liebmann ex C. Müller); in sylva *San Nicolas* valle Mexicensi (Bourgeau, n° 1339, cum *Anomobryo prostrato* mixtum).

Sectio Eubryum Auct.

5. B. **Pohliæforme** Sch. in herb. (non Bridel). — Dioicum laxe cæspitans. Caulis brevis, sub perichætio innovans, ramis binis elongatis laxe foliosis. Folia caulina apice in rosulam congesta tortilia ovata concava, basi longe angustata, margine omnino revoluto flexuoso, superne dentata, late limbata, acumine brevi sæpe obliquo, costa cum apice finiente crassa rubra; perichætialia lanceolata, cuspidata. Capsula piriformis ut in genere *Webera*, prius lutescens demum castanea, collo longo angustato, arcuata inclinata vel horizontalis; annulo lato. Operculum rubrum mamillatum nitens. Peristomii dentes ut in genere ciliis binis appendiculatis interjectis.

> In valle Mexicensi (Bourg. n° 1322, sept. 1865).

6. B. **coronatum** Schwgr.; C. Müll. **Syn**. I, p. 307.

> *Vera-Cruz* (Hogburg in herb. Montagne). †

7. B. **andicola** Hook.; C. Müll. **Syn**. I, p. 256.

> In frigidis, *Toluca* et *Islahuaca* (Humboldt et Bonpland); *Mejico* (Andrieux in herb. Mus. Par.); *Orizaba* (in herb. Le Dien); *El Pelado* (Liebmann).

Sectio Dicranobryum.

8. B. **Didymodontium** Mitt. in *Musci Austro-Amer.*, p. 289.

Mexico (Beechey in herb. Hooker ex Mitten).

Sectio Rhodobryum.

9. B. **domingense** Steud. (*Bryum truncorum* Brid.).

Prope *Mirador* (Sartorius in herb. Schimper) ; *Oajaca*, alt. 3000 ped. (Galeotti n° 6540 in herb. Mus. Par.) ; *Cordova* (Sallé in herb. Decaisne).

10. B. **procerum** Sch. in herb.— *B. Auberti* proximum. Elatum, caulis crassus valde tomentosus sparsifolius, continuus ; folia caulina appressa late ovato-lanceolata, comalia patentia in rosulam congesta, longe ovalia medio recurva, cuspidata, omnia serrata subspinosa, costa sub apice finiente. Capsula in pedicello superne subito arcuato rufo-rubente, ovato-cylindrica, longicollis, arcuata, horizontalis, plicata ; operculo mamillato leviter apiculato.

Orizaba, in pinetis (Liebmann) ; in sylva *San Nicolas*, prope *Mejico* (Bourg. sept. 1865).

11. B. **Ehrenbergianum** C. Müll. *Syn.* I, p. 255.

Mejico (Ehrenberg) ; in monte Orizabensi (F. Müller) ; valle Mexicensi (Bourg.).

12. B. **comatum** Besch. — *B. roseo* simillimum, sed minus laxe cæspitans. Caulis semiuncialis, tomentosus apice dense foliosus inferne rufescens, superne glauco-viridis, 2-3 innovationibus sub perichætio innovans. Folia humida mollia arcte imbricata erecta, sicca tortilia ; superiora in rosulam erectam haud patulam congesta, acuminata minus spathulata, concava, apice reflexa, margine reflexo superne dentato, costa lata cum apice finiente. Capsula solitaria in pedicello longo rubente nitente superne arcuato, inclinata vel horizontalis, elongata, longicollis, leviter arcuata ; operculo mamillari purpureo. Cætera ut in *B. roseo*.

In sylva *della Desierta Vieja*, e valle Mexicensi (Bourg. nov. 1865, n° 1357, pro parte). L'un des échantillons offre un curieux exemple de syncarpie : les deux capsules se séparent un peu au-dessus de la courbure du pédicelle.

13. B. **SUBROSEUM** Besch. — *B. roseo* simile sed minus; caulis inter folia comalia 2-3 innovans ; folia sicca laxe torquescentia e basi elongata, obovata, longius cuspidata, margine 3-4 seriebus cellularum obscure flavidarum composito. Capsula solitaria vel geminata, minor longicollis. Operculum apiculatum. Peristomium ....?

Prope *Santa-Fe,* e valle Mexicensi (BOURG. n° 1330, aug. 1865).

14. B. **LIEBMANNI** Sch. in herb. (non C. Müll.). — *Bryo roseo* simile, sed capsula longiore longicolli, infra orificium coarctata.

Mirador (LIEBMANN in herb. SCHIMPER).

15. B. **SARTORII** Sch. in herb. — *Bryo roseo* simillimum, sed caule minore, foliis ovatis haud spathulatis brevioribus, capsula breviore primo visu differt.

Mirador (LIEBMANN in herb. SCHIMPER).

GENUS V. ANOMOBRYUM Sch.

1. A. **PROSTRATUM** C. Müll. *Syn.* I, p. 317.

Var. *Minus*: caule multo breviore, ramis etiam brevioribus, foliis superioribus et perichætialibus laceratis, capsulæ collo longiore, ciliis singulis differt. An species propria ?

In sylva San'Nicolas valle Mexicensi (BOURGEAU, n^{is} 1339 et 1357, cum *Bryo brevicauli* mixtum).

OBS. — L'un des échantillons offre, comme dans le *Bryum comatum* cité plus haut, un remarquable cas de syncarpie, dans lequel les deux capsules se séparent vers le milieu de telle sorte que l'une d'elles déjà évacuée par les spores semble sortir de la partie inférieure de l'autre ; celle-ci est encore munie de son opercule.

GENUS VI. RHIZOGONIUM Br.

1. R. **SPINIFORME** Br. ; C. Müll. sub *Mnio* in *Syn.* I, p. 175.

Acapulco, Jalapa (BONPLAND); *Mejico* (LIEBMANN); *Oajaca* (GALEOTTI n° 6999 in herb. Mus. Par.); in sylva *Chiapas* (LINDEN in herb. COSSON); *Orizaba* (BOURG. aug. 1866, n° 3295).

Genus VII. MNIUM L.

1. M. ROSTRATUM Sch.; C. Müll. *Syn.* I, p. 158. (*M. rhyncho-phorum* Hook.).

Orizaba (F. MÜLLER in herb. SCHIMPER).

TRIBUS III. *BARTRAMIEÆ.*

GENUS I. BARTRAMIA Hedw.

1. B. CAMPYLOPUS Sch. ; C. Müll. *Syn.* II, p. 619.

In monte Orizabensi (LIEBMANN). †

2. B. SUBITHYPHYLLA Besch. — Habitu *B. ithyphyllæ* similis ; dioica, cæspitosa, glauco-viridis. Caulis semiuncialis erectus basi tomentosus, ramis brevibus; folia caulina erecto-patula, comalia crispata circinata lanceolata longissime cuspidata, dense serrata, e basi angustata stricta haud vaginata albicantia mem-branacea, superne opaca valde papillosa. Perichætialia erecta longissima duplo majora obtuse denticulata, basi latiora, medio papillosa usque ad apicem hyalina. Cætera desunt.

Inter *B. pomiformem* et *B. ithyphyllam* medium tenet, a secunda foliis basi angustatis, a prima specie foliis perichætia-libus longe differt.

In regione Orizabensi (BOURG. sept. 1866).

3. B. ITHYPHYLLOIDES Sch. in *Musc. Chilens.* — Caulis radi-culosus ; folia angusta stricta vel erecto-patentia lanceolata haud vaginantia serrata, minute papillosa, margine recurvo, costa cum apice finiente ; folia perichætialia caulinis similia, archegonia brevia. Capsula in pedicello recto brevissimo 4-5^{mm} longo, globosa recta lævis nitens, collo brevi crasso, operculo leviter conico mamillato. Sporæ minutæ.

Habitu *B. ithyphyllæ* similis, foliis tamen haud vaginantibus, capsulæ pedicello multo breviore, capsula ipsa majore differt.

In monte Orizabensi (GALEOTTI n° 6969, 1840, in herb. Mus. Par.).

1. B. Schimperi C. Müll. *Syn.* II, p. 617. (*B. brevifolia* Brid. in herb. Mus. Par., coll. Schimper).

In monte Orizabensi (Liebmann in herb. Montagne).

5. B. glauca Ltz *Pugillus*, etc... in *Moosstudien.*— *B. ithyphyllæ* proxima, differt autem colore glauco-viridi, caule crassiore, rigido ; foliis majoribus rigidis erecto-patulis longe vaginantibus subito coarctatis e basi membranacea albicantia ; cellulis longe quadratis hyalinis, aliis minute quadratis magis papillosis, costa lata fere totam subulam occupante, dorso dentata, papillosa. Folia perichætialia similia. Archegonia longistyla, paraphysibus æquantibus (*loco citato*).

Mexico (Lorentz comm.) ; *Orizaba* (Galeotti, cum *B. ithyphylloide* mixta, in herb. Mus. Par.).

Genus II. GLYPHOCARPA R. Brown.

1. G. intertexta Sch. ; C. Müll. sub *Bartramia* in *Syn.* I, p. 503. (*Bartramia lamprocarpa* Sch. in herb. Mus. Par.).

Mejico (Ehrenberg in herb. Montagne ; Liebmann in herb. Mus. Par.) ; in sylva prope *San-Nicolas*, in valle Mexicensi (Bourg. n° 1349).

Genus III. BARTRAMIDULA Sch.

1. B. mexicana Sch. in herb. — Hermaphrodita ; habitu *Bartramidulæ Wilsoni* similis ; folia caulina ovato-lanceolata, basi latiora, sublævia, minus dentata, cellulis angustioribus ; folia ramulorum 2-3 sterilium magis papillosa; folia perichætialia ovata longe cuspidata subdenticulata. Capsula in pedicello flexuoso purpureo, solitaria globosa brevicollis, operculo mamillato. Sporæ breviores.

Orizaba (F. Müller).

Genus IV. PHILONOTIS Brid.

Subg. I. PHILONOTULA Sch.

1. P. orizabana Sch. — Monoica. Caulis minor, dense fasci-

culato-ramulosus tomentosus, ramis 3-5 plumosis pallide viridibus nitidis. Folia caulina stricta anguste lanceolata, erecta vel
subcurvula ; ramulina longiora, denticulata, costa longe excedente, margine serrato reflexo ; perichætialia latiora ovato-lanceolata, costa in aristam longam producta, stricta, subdenticulata.
Flos masculus prope femineum nascens, gemmaceus, subdiscoi-
deus ; folia perigonialia caulinis similia sed latiora magis
ovato-lanceolata cuspidata laxe denticulata. Antheridia numerosa
paraphysibus late cylindricis cincta. Capsula in pedicello 10-15^{mm}
longo rubente, minuta arcuata late striata; operculo basi lata
obtuse conico. Peristomium externum normale, processus dentibus subæquales inferne perforati ciliis destituti ; sporæ magnæ.

Orizaba (F. Müller, 1853, in herb. Schimper).

Subg. II. PHILONOTIS.

A. *Tenellæ*.

2. P. **BRACHYCLADA** Besch. — Planta tenella, dioica. Caulis
filiformis 6^{mm} elatus erectus vel prostratus, tomentosus ; ramis
sub flore 3–5–fastigiatis brevibus flexuosis vel circinatis. Folia
caulina appressa subsecunda anguste lanceolata brevia' denticulata, margine e basi incurvo. Planta mascula simplex, flore
discoideo terminali, foliis perigonialibus late ovatis integerrimis. Perichætium minus, folia intima membranacea ovato-lanceolata fere obtusa, dentata, costa longe excedente. Capsula in
pedicello 10–15^{mm} longo, rufa tenella crassa obliqua vel
horizontalis minute costata. Operculum conicum mamillatum.
Peristomii dentes externi lanceolati rufi, interni lutei pertusi
breviores ; ciliis nullis vel raris.

P. rufifloræ Hsch. proxima, sed tenuitate, ramis minus longis,
follis perigonialibus integris differt.

P. tenuis Sch. in litt., nomen mutatum jam usu tritum.

Orizaba (Fr. Müller).

B. *Elatæ*.

3. P. **SCHLUMBERGERI** Sch. in herb. — Cæspitosa, caulis

elatus crassus densissime tomentosus, decumbens flaccidus rufus, superne rufescens nitens; ramis 2-3 caulium fertilium brevissimis, ramis sterilium longis attenuatis; folia caulina erecta stricta elongato-lanceolata anguste papillosa, minute vel obsolete dentata, margine vix revoluto, costa sub apice finiente; perichætialia similia vel latiora; flos masculus (?) Capsula in pedicello recto semi-unciali, globosa costata magna inclinata. Peristomium duplex; dentes externi lati dense articulati rufi, interni membrana latiore longe producta, ciliis 2-interjectis brevioribus. Sporæ magnæ.

Orizaba (F. MÜLLER).

4. P. **erythrocaulis** C. Müll. sub *Bartramia* in *Syn.* I, p. 473.

Mejico (DEPPE et SCHIEDE). †

Genus IV. BREUTELIA Sch.

1. B. **arcuata** Sch. in *Bryol. Europ*.

Var. *Major*. Caulis robustior, folia longiora et latiora magis revoluta.

Pedregal, in rupium fissuris humidis e valle Mexicensi (BOURGEAU *Glyphocarpæ intertextæ* mixtam sterilem legit'. An species propria?

2. B. **subarcuata** Sch.; C. Müll. sub *Bartramia* in *Syn*, II, p. 617.

In monte Orizabensi (LIEBMANN in herb. MONTAGNE). †

3. B. **intermedia** Hpe sub *Bartramia* in *Sp. Musc. Nov. Mex.* — Dioica, biuncialis et paulo altior, adscendens erecta. Caulis e basi attenuata usque ad comam dense fusco-tomentosus, hic inde latere parce ramosus, superne radiato-fasciculatus, radiis brevioribus intense lutescentibus patulis, vel paulo reduncis, acutatis, dense foliatis. Folia caulina tomento intermixta late lanceolata, subulato-elongata, basi sulcato-plicata reflexa, margine subtiliter denticulato fere subintegerrimo, costa lutescente cuspidata, cuspide argutius dentata, cellulis basilaribus abbre-

viato-rectangulis, glabriusculis, cæteris anguste parallelogrammicis, nodulis asperis interruptis, lutescente-diaphana punctulata;
comalia pluries longitudinaliter plicata erecto-flexuosa, vel
secunda latiora; e basi ovata lanceolato-subulata, subtiliter
denticulata, margine revoluto, longius sulcata, costa percurrente
cuspidata, in cæteris caulinis simillima; perichætialia squarroso-
patula minora, e basi truncata late ovata, medio contracta, subito
lanceolata, acumine convoluta, costa cuspidata, subula denticulata, basi latere sulcato-costata reflexa, cellulis inferioribus
laxioribus, rectangulis, nodulis interruptis, superioribus angustioribus et lævioribus, lutescente-diaphana. Capsula in pedicello
unciali erecto, adscendens horizontalis, oblique subrotundo-
ovata, mediocris, leptoderma, plicato-striata, pallide brunnescens, nitida, operculo fuscato parvulo planiusculo, parce
mamillato. Peristomium duplex, dentibus externis erectis
brevibus trabeculatis lanceolatis sanguineis, interioribus cruribus carinatis pallide sanguineis (Hpe *loco citato*).

Inter *B. tomentosam* et *scopariam* intermedia; a priore differt
statura minore et pedicellis longioribus, a *B. scoparia* statura
minore robustiore, pedicellis brevioribus et capsula majore
horizontali recta.

Mirador (WAWRA; SARTORIUS, in herb. Schimperiano,
sub nom. *Philonotidis Sartorii*).'

FAMILIA X. POLYTRICHACEÆ.

GENUS I. ATRICHUM Pal. Beauv.

1. **A. POLYCARPUM** Sch.; C. Müll. sub *Catharinea* in *Syn.* II,
p. 588; (*C. undulata,* var. ♂ *brevilamellosa* C. Müll. *Syn.* I,
p. 193).

Huatusco (LIEBMANN in herb. MONTAGNE); prope *Jalapa*
(DEPPE et SCHIEDE, LEIBOLD).

2. **A. SUBULIROSTRUM** Sch. in herb. — Dioicum, planta tenella;
caulis brevis raro semiuncialis, dense foliosus; folia mollia late
lingulata obtusa vix undulata, subtus sublævia, margine involuto
infra medium usque ad apicem obtuse dentato suberenulato costa

3-4 lamellis latis prædita ; perichætialia longiora. Capsula in pedicello 10-15ᵐᵐ longo carneo flexuoso, cylindrica tenella erecta vel inclinata fusca ; operculo obliquo subulirostro capsulam fere æquante. Calyptra....?

Orizaba (F. Müller, 1853, in herb. Schimper).

3. A. Mülleri Sch. in herb. — Dioicum ; caulis brevis parce foliosus ; folia undulata parce crispata cuspidata subtus dentata, margine simpliciter identata, costa in cuspidem finiente dentata, lamellis 4-5 latis. Capsula in pedicello longo tortili, anguste cylindrica recta vel curvula.

Orizaba (F. Müller in herb. Schimper).

4. A. torquescens Sch. — Caulis elatus simplex, primum prostratus, dein erectus ; folia sicca erecto-patula flexuosa, margine crispato fere in tota longitudine duplicato-denticulata, obtusa subtus spinosa, costa dentata apicem versus finiente, lamellis 4-5 brevibus ex duabus seriebus cellularum compositis. Calyptra apice spinosa. Capsula perfecta....?

Orizaba (F. Müller, 1853, in herb. Schimper).

Genus II. POGONATUM Pal. Beauv.

Sectio Cephalotrichum C. Müll.

1. P. cuspidatum Besch. — Dioicum ; caulis subhumilis, basi subnuda ; folia caulina inferiora squamiformia lanceolata, costa tenui, superiora rosulata, patula brevia e basi breviuscula subvaginantia fere subito coarctata, apice elamelloso cuspidata, integerrima vel cuspide brevi dentata margine recurva dorso lævia, costa supra basin 15-20 lamellis uniseriatis prædita ; perichætialia exteriora stricta, multo longiora, longe cuspidata, acumine curvato, intima appressa hyalina crenata æquantia ; calyptra capsulam superante pedunculum arcte includente, parce villosa albicante apice aurantiaca. Capsula cylindrica sicca irregulariter sulcata ; operculo convexo breve oblique cuspidato.

Pogonato Schmitzii Ltz proximum.

In sylvis prope *San-Nicolas* (Bourg. nº 1337, sept. 1865).

2. **P. Schmitzii** Ltz. (sub *Cephalotricho*) *Pugillus*. — Caulis subhumilis, inferne nudus apice innovationum pulcherrime rosulatus, ex apice innovans ; folia polytrichoidea, stricta, nervo latissimo, totum apicem occupante e medio ad apicem serrata, e basi anguste ovata sensim lanceolata ; folia inferiora latiora, breviora ; folia perichætialia e basi vaginante subito apiculata. Theca ovalis; operculum e basi depressa mamillatum ; peristomii dentes partim bini membrana conjuncti (*loco citato*).

Elegantissimum, statura humili, gracili inter *Pogonata* (*Cephalotricha*) subsingulare. *P. cuspidato* affine sed foliis serratis longe cuspidatis, capsula cylindrica, operculo cuspidato primo visu differt.

Ad urbem *Mejico* (Schmitz).

3. **P. Bescherelli** Hpe in litt. — Humile biunciale simplex, vel parce diviso-ramosum fuscatum ; caulis basi attenuatus, foliis parvis obtectus, superne clavatus. Folia sicca carinato-convoluta, dorso glabra subappressa, humida patentia, e basi brevi latiore subhyalina, e cellulis anguste parallelogrammatis abbreviatis, interstitiis tenuioribus, apicem versus sensim minoribus angulatis, ad latera laminæ dense aggregatis angulato-rotundatis opacis minimis composita ; lamina lanceolata obtusiuscula, costa lamellata fere tota obducta, latere superiore margine angusto translucido sinuato-dentata ; capsula in pedicello solitario subunciali, vel parce longiore rubro-fusco, oblongo-cylindrica parum obliqua, ore parum ampliore linea purpurea ornata, humida pruinosa vesiculis parvis obtecta ; operculo mamillato rubro rostro brevi compresso coronato. Peristomium rubicunde pallidum dentibus 64 ligulatis incurvis reticulato-striatis. Calyptra capsulam æquante aurescente. (Hampe msc.)

In sylva *della Desierta Vieja* (Bourg. n° 1336, nov. 1865).

4. **P. Tolucense** Hpe sub *Polytricho* in *Sp. Musc. Nov. Mex.* — Dioicum, simplex unciale vel sesquiunciale erectum. Caulis inferne stellato-foliatus brevis nigricans, superne duplo longior comosus, erecto-foliatus, fusco-rubens. Folia inferiora planiuscula, e basi parce dilatata membranacea lutescente pellucida, lamina oblongo-lanceolata acuta, in latere superiore sinuato-

spinuloso-dentata ; costa basi brevi spatio quartam partem folii, subito dilatata laminam totam opacam obtegente ; superiora e basi vaginante obovata lutescentia diaphana, lamina lanceolata elongata, acuminata, acuta, humida concava erecto–patula, sicca convoluto-flexuosa lætius colorata, in latere superiore sinuato-spinuloso-dentato lamina costa dilatata obtecta opaca ; folium perichætiale setaceum subintegerrimum. Pedicellus solitarius uncialis, fusco–ruber erectus. Capsula (junior) parva elliptica, operculo brevi conico subrecto obtuso. Calyptra longissima capsulam quadruplo superans. (Hpe, *loco citato*).

A *P. cuspidato* Besch. differt : statura paulo altiore, foliis spinuloso-dentatis, pedicello longiore, capsula minore elliptica et calyptra longiore.

Prope ignivomum Tolucense (C. **Heller**).

5. P. comosum Sch. ; C. Müll. sub *Polytricho* in **Syn.** II, p. 561.

In monte Orizabensi (**Liebmann**). †

Sectio Catharinella C. Müll.

6. P. campylocarpum C. Müll. (sub *Polytricho*), **Syn.** I, p. 209.

Mexico (**Coulter** ex **Mitten**).

7. P. subgracile Hpe in *Bot. Zeit.* 1870, n° 4. — Dioicum gracile simplex, sesquiunciale, vix biunciale. Caulis erectus angustus semiuncialis vix paulo longior. Folia laxe imbricata, sicca convoluto-incurva laxe accumbentia, humida plana, dorso lævia, erecto-patula, e basi brevi vaginante obovata, pellucida integerrima ; costa angustata rufescens lamina longiore lanceolata, costa lamellata fusca fere tota occupans, margine angusto diaphano, parce obtuse dentata vel subintegerrima. Capsula in pedicello caulem superante erecto, parva obliqua adscendente horizontalis, vesiculis parvis adspersa subcylindrica, ore ampliore rubro vetusto angulato–striata, operculo planiusculo mamillato, peristomii dentibus brevioribus, incurvis, lingulatis striatis aureo-rufescentibus. Calyptra pallide aurantiaca capsulam obtingente.

A *P. tortili* differt : statura graciliore, foliis brevioribus, minus dentatis, interdum integerrimis. A *P. Cubensi* Sulliv. : statura graciliore et minore, foliis angustioribus parce dentatis et capsula minus vesiculis obtecta.

Pr. *Vera Cruz* (STREBEL).

8. P. ALBOVAGINATUM Hpe in *Bot. Zeit.* 1870, n° 4. — Dioicum, sesquiunciale erectum. Caulis humilis 3-4 linearis. Folia laxe imbricata, flaccide tortilia humida plana, e basi pallida latiore obovata integerrima, cellulis basilaribus anguste hexagonis pellucida, lateralibus chlorophylloso-punctatis striatis ; nervo basi fusco angustato, in lamina, vagina longiore, lanceolata, acuta, dorso lævi, lamellato, eam fere totam occupante margine anguste diaphano dentato-serrata. Capsula in pedicello erecto unciali vel longiore, parva curvula subcylindrica, vetusta angulata papillosa, operculo prominente umbonato, rostro brevi terminato. Calyptra pallide aurantiaca.

A *P. octangulari* differt foliis laxioribus minus dentato-serratis, vagina patula pallescente.

Pr. *Vera Cruz* (STREBEL).

SECTIO EUPOGONATUM.

9. P. LIEBMANNI Sch.; C. Müll. sub *Polytricho* in *Syn*. II, p. 563.

In monte Orizabensi, *Chinantla, Teotalcingo* (LIEBMANN in herb SCHIMPER).

10. P. LEPTOCARPUM Besch. — Dioicum ; caulis uncialis brevis inferne nudus vel foliis squamiformibus lanceolatis dissitis paucis obtectus ; folia caulina obtusata e basi lanceolata brevia, margine membranaceo plano serrato subtus lævia, costa lamellis numerosis. Perichætialia longe lanceolata cuspidata externa parce dentata, intima subintegra vel obsolete dentata , paraphysibus filiformibus hyalinis. Capsula in pedicello flexuoso unciali vel minore, leptoderma gracillima sicca longe cylindrica obliqua, madida erecta e medio ampliora lageniformis rugosa scaberrima, sub ore coarctata, collo defluente ; operculo mamillato

minute rostrato. Peristomii dentes incurvi lutei. Calyptra rufa.

In monte Orizabensi (**Galeotti** nº 6982).

11. **P. glaciale** Mitt. in *Musci Austro-Amer.*, p. 614.

Pog. leptocarpo proximum ; caule bi-triunciali, foliis caulinis longioribus, perichætialibus externis caulinia satis simulantibus sed minoribus, internis squamiformibus lævibus solo apice parce lamellatis et dentatis differt.

In summo monte *San Felipe* prope *Oajaca* (**Andrieux**, in herb. Mus. Par.).

12. **P. Schlumbergeri** Sch. in herb. — Caulis erectus, 10-15 cent. longus, e basi nigrescente subnudus, simplex vel apice 2-3 breve ramosus. Folia inferiora dissita squamiformia vaginantia, superiora sicca rigida erecto-patentia vel stricta, madida valde arcuato-falcata, longissima e basi vaginantia, margine plano pellucido rufo serrato, costa excurrente, folii limbo lamellis haud vel rarissime apice bifidis omnino obtecto, dorso valde præcipue serrato ; perichætialia breviora purpurea minute serrata, costa cum apice finiente parce lamellosa. Capsula in pedicello pro plantarum magnitudine brevi flexuoso, cylindrica arcuata, collo tumido longo, brunnescens ætate nigra. Operculum conico-apiculatum. Calyptræ indumentum rufescens.

Orizaba, Vera-Cruz (F. **Müller**).

13. **P. robustum** Sch. in herb. — *P. Schlumbergeri* proximum sed differt : statura majore, foliis longioribus, rete laxiore cellulis latioribus composito, costa lamellis brevioribus apice geminatis obtecta ; margine minus membranaceo dentibus remotis firme spinosis ; capsula crassiore sicca deoperculata eurystoma.

In Mexico (**Liebmann** in herb. Mus. Par.).

14. **P. ericifolium** Besch. (*P. Orizabanum* prius in litt.). — Dioicum ; caulis elatus simplicissimus, vel summo apice parce divisus basi nudiusculus, foliis squamiformibus dense appressis ; folia caulina lineari-lanceolata e basi usque ad medium recurva, apice plana, serrata, sicca flexuosa, viridia erecto-patula, limbo sub-

tus lævi, costa lamellis numerosis apice divisis dorso serrata.
Calyptra fere ut in *Pogonato alpino*. Capsula in pedicello 4–5
cent. longo, inclinata sæpe suberecta, longe cylindrica e medio
amplior, mollis, collo defluente, sporis impleta viridi–lutescens,
vacua atra. Operculum e basi plano-convexum, rostro brevi
obliquo.

Pogonato alpino proximum, ab eo tamen capsula graciliore,
caule minus ramoso, foliorum lamellis apice nunc integris, nunc
bifidis recedit.

Orizaba (Bourg. nᵒ 3294).

15. P. CYLINDRICUM Sch. in herb. — *Pogonato ericifolio*
simillimum, sed foliis longioribus angustioribus planis, capsula
graciliore cylindrica, collo tumido.

Orizaba (F. Müller in herb. Schimper).

Species non satis nota.

16. P. MACROPOGON Sch. in herb. — Habitu, foliorum forma
et areolatione, calyptra longe defluente rufescente a *Pogonato
leptocarpo* proximum.

Vera-Cruz (F. Müller in herb. Schimper).

Genus III. POLYTRICHUM Dill.

1. P. JUNIPERIFORME Sch. in herb. — Dioicum; *P. junipe-
rino* simillimum; folia patentia, longiora, superna dorso parum
obtuse-dentata, margine usque ad apicem late involuto, integra
vel subcrenulata, cuspide brevi parce dentata, costa lamellosa,
lamellis e cellulis uniseriatis non apice bifidis compositis; perichætialia intima membranacea, costa tenui elamellosa, apice in
aristam longissimam integerrimam crispatam producta, externa
lamellosa. Capsula cubica tetragona, erecta vel horizontalis,
apophysi solida; operculo brevi conico, obtuse apiculato.

Orizaba (F. Müller; Bourg. nᵒ 2760).

2. P. GHIESBREGHTII Besch. — Dioicum; caulis brevis vel
elongatus; folia appressa strictissima integra, margine late invo-

luto, cuspide dentata; perichætialia superne lamellosa. Capsula stricta vel horizontalis ovato-cylindrica sub ore coarctata, leviter 4-costata, operculo longe cuspidato recto vel subcurvulo; calyptra rufa vix capsulam obtegente.

Habitu *P. communi* simillimum, sed foliis integris, lamellis apice haud bifidis, capsula leviter costata.

Mejico (GHIESBREGHT, 1845, in herb. Mus. Par.).

3. P. SUBFLEXUOSUM Ltz. *Pugill.* etc. — Elatum 6-unciale; caules subsimplices basi nudiusculi, supra foliis siccis erectis, strictiusculis, udis patentissimis obsiti. Folia e basi subquadrata lanceolata, planissima, ultra medium margine et dorso serrata, costa robusta, totam fere folii partem superiorem occupante; perichætialia caulinis similia. Capsula in pedicello brevi, e basi æquali elongata, cylindracea, leviter 6-angularis, leviter incurva. Dentes 32 pallidi.

Capsula leviter sexangulari-cylindracea incurva inter *Polytricha* singulare; habitu *P. flexuoso* simile.

Prope *Mejico* (ANDRIEUX).

Ordo III. MUSCI CLADOCARPI.

Familia I. FONTINALACEÆ.

Genus I. FONTINALIS Dill.

1. F. ANTIPYRETICA L.— Var. *Neo-Mexicana* Sull.et Lesq.
Mejico (LESQUEREUX, in herb. MONTAGNE).

Familia II. CRYPHÆACEÆ.

Genus I. CRYPHÆA Mohr.

A. *Folia angusta lanceolata.*

1. C. SCHIEDEANA C. Müll. sub *Pilotricho* in *Syn.* II, p. 167.
Jalapa (DEPPE et SCHIEDE). ÷

2. C. **RETICULATA** Besch. — Monoica ; caulis elongatus glauco-viridis, ramis patentibus elongatis parum attenuatis apice fasti-giatis ; folia caulina late ovato-lanceolata concava decurrentia serrata, costa sub apice flexuoso finiente, margine e basi usque ultra medium revoluto, cellulis hexagonalibus utriculo primor-diali persistente perspicue reticulata ; perichætium gracile pau-cifoliatum, folia membranacea capsulam includentia latissime vaginantia emarginata apice in partes duas aliformes rotundatas subexcisa, costa tenui lævi obliqua longa, parum infra folii api-cem descendente. Capsula annulata minuta cylindrica, operculo conico exserto ; calyptra scabriuscula lobata ; peristomii dentes minuti, externi breviores ut runcinati, papillosi.

Cryphæœ nitidulæ similis, sed foliis latioribus, cellulis per-spicue hexagonalibus præditis, foliis perichætialibus profunde emarginatis.

Orizaba (BOURG. n° 2763, pro parte).

3. C. **NITIDULA** Sch. in herb. — Monoica; caulis elongatus pallide lutescens, sub cortice purpureus, nitidulus plumosus ramis tenuibus obtusis vel flagelliformibus pinnatis ; folia cau-lina erecto-patentia, ovato-lanceolata late acuminata concava decurrentia, margine inferne revoluta, superne dentata, costa infra apicem evanescente. Perichætialia pauca nitentia capsulam arcte includentia haud superantia, apice late lanceolata, costa in cuspidem lævem longam excedente parum inferne producta. Capsula immersa minuta cylindrica æqualis late annulata; oper-culo conico exserto. Calyptra superne rugosa. Peristomii dentes externi elongati rugulosi pallide grisei ; externi subæquilongi graciliores rugulosi.

Pilotricho Schiedeano C. Müll. proxima, sed foliis perichætia-libus haud emarginatis et calyptra scabriuscula differt.

Orizaba (F. MÜLLER).

B. *Folia ovato-acuminata.*

α. *Folia integra.*

4. C. **CUSPIDATA** Sch. in herb. (*C. apiculata* Sch. in *Bryol. Europ.* et in C. Müll, *Syn.* II, p. 675). — Monoica; caulis

flexuosus viridi-rufescens, ramis gracilibus brevibus erecto-patentibus vel arcuato-pendulis; folia caulina imbricata undulata apice patula, late ovalia paulum decurrentia longe cuspidata integerrima, margine fere toto ambitu revoluto, costa ultra medium continua; perichætialia intima late convolutacea capsulam superantia, margine superne erosa longe cuspidata, cuspide integra, costa obsoleta vix apice producta; intima lineari-lanceolata ecostata vel semi-costata. Capsula inclusa ovata parva, operculo perichætialia haud superante. Calyptra leviter papillosa basi lacerata sublobata.

In Mexico (Liebmann).

5. **C. leptophylla** Sch. (*C. leiophylla*. Sch. in *Bryol. Europ.*; C. Müll. *Syn*. II, p. 674). — Habitu *C. pinnatæ* simillima. Caulis erectus ditissime fructificans viridi-fuscescens; folia ovalia concava brevius cuspidata, dense imbricata vel apice paulum patula, margine parce revoluto, costa ad medium finiente; perichætium majus, foliis late convolutaceis, profunde emarginatis cuspide brevi subdenticulata, siccitate flexuosa, costa longe descendente. Capsula immersa ovata. Peristomii dentes externi duplo longiores apice papillosi, basi læves rufescentes. Sporæ majores.

Orizaba (Liebmann et F. Müller).

6. **C. pinnata** Sch. in *Bryol. Europ.*; C. Müll. *Syn*. II, p. 675. — Caulis pinnatus rufus ramis longiusculis obtusis vel paulum attenuatis; folia caulina erecto-patula ovalia e basi cordata breviter cuspidata integra, margine plano, costa ad medium evanida; perichætialia fuscescentia apice late obovato-lanceolata haud emarginata, cuspide brevi, dentata dorso minute papillosa, costa basin versus longe descendente. Capsula ovata orificio exserta; dentes externi grisei rugulosi breves basi fusciduli læves, interni filiformes breviores.

In Mexico (Liebmann, Lorentz comm.).

7. **C. Orizabæ** Sch. in herb. — Habitu *C. pinnatæ* similis, sed foliis caulinis paulum majoribus, perichætio ampliore, foliis subemarginatis arista subintegra vel dorso obsolete hyalino-dentata, peristomii dentibus brevioribus.

Orizaba (Lorentz comm.).

8. C. **filiformis** Brid.; C. Müll. sub *Pilotricho* in *Syn.* II, p. 169).

In Mexico (Leiboldt ex C. Müller). †

9. C. **pachycarpa** Sch. in herb. — Caulis crassus longus rigidus fuscus, ramis longis filiformibus, longe attenuatis erecto-patulis ; folia caulina imbricata concava late ovalia apice parce cuspidata decurrentia integerrima, margine recurvo, costa infra apicem finiente. Perichætium magnum rufescens, foliis superne latis convolutaceis parum marginatis capsulam longe superantibus, cuspide brevi integerrima. Capsula immersa ovata pro plantarum magnitudine minutissima, late annulata; operculo conico. Calyptra lævis. Peristomii dentes externi papillosi, interni breviores.

Orizaba (F. Müller).

β. *Folia dentata.*

10. C. **patens** Hsch.; C. Müll. sub *Pilotricho* in *Syn.* II, p. 171; (*Pilotrichum Deppii* C.Müll. *Syn.* II, p. 674).

Mejico (Deppe) ; *Chinantla* (Liebmann in herb. Montagne); *Orizaba* (Fr. Müller).

11. C. **polycarpa** Sch. in herb. — Caulis irregulariter ramosus obscure graminicolor, ramis filiformibus attenuatis erecto-patentibus ; folia caulina late ovalia concava erecto-patula sub apice subito coarctata in mucronem dentatum producta, costa infra apicem finiente, margine revoluto ; perichætialia convolutacea lanceolata, cuspide lævi vel obsolete dentata, capsulam longe superantia, costa parva. Capsula minutissima ovato-cylindrica sub ore coarctata ; calyptra lævis, basi parce lobata. Peristomii dentes anguste lanceolati papillosi, interni breviores lati suberosi.

C. patenti proxima, ab ea tamen capsula minore, peristomii dentibus brevioribus, foliis caulinis latioribus, perichætialibus haud emarginatis longe differt. *C. pachycarpæ* affinis, sed ramis brevioribus, foliis perichætialibus haud emarginatis angustioribus, foliis caulinis integris haud decurrentibus recedit.

Cordova (F. Müller).

12. C. Sartorii Sch. in herb. — Caulis crassus rigidus ramosissimus, ramis crassis alternis vel in uno latere dejectis obtusis, intense ferrugineis. Folia caulina sicca appressa torquata,
humida patula basi lata haud decurrentia ovalia concava, acumine gracili irregulariter dentato, margine sinuato recurvo,
costa longe producta fere sub apice finiente ; perichætium gracile nitens albidum, foliis e basi angustis, apicem versus late
dilatatis, costa integra fere usque ad basin descendente, foliis
externis angustissime lanceolatis concavis. Capsula immersa
cylindrica recta vel obliqua. Calyptra lævis lobata. Peristomii
dentes externi breves minute papillosi, interni paululo breviores
latiusculi erosi. Sporæ minutæ.

C. patenti proxima sed longe differt : habitu crassiore, ramis
brevioribus obtusis, foliis caulinis latioribus, perichætio graciliore foliis obovatis haud emarginatis, capsulæ orificio exserto,
peristomii dentibus majoribus.

Orizaba (F. Müller).

13. C. intermedia C. Müll. *Syn.* II, p. 171.

Mejico (Leiboldt).

14. C. decurrens C. Müll. *Syn.*II, p. 172.

In Mexico (Ehrenberg).

15. C. attenuata Sch. *Bryol Europ.*; C. Müll. *Syn.* II,
p. 674. — Caulis elongatus filiformis pinnatus glauco-viridis,
ramis attenuatis ; folia caulina erecto-patentia ; folia ramulina
imbricata, ovalia concava superne dentata, margine breviter
revoluto, parum cuspidata, costa infra apicem finiente ; para-
phyllia numerosa simplicia vel ramosa ; folia perichætialia convolutacea lutescentia apice cuspidata haud emarginata, arista
longa subintegra, costa ultra medium descendente, folia externa
longe lanceolata. Capsula ovata minuta, microstoma ; peristomii
dentes interni externos subæquantes. Calyptra lævis.

Orizaba (Liebmann in herb. Le Dien); *Cordova* (Bourg.
nº 2135).

Genus II. ACROCRYPHÆA Sch.

1. A. Mexicana Sch. (*Pilotrichum julaceum* C. Müll. *Syn.* II, p. 173).

> *Mexico* (Leiboldt, Ghiesbreght in herb. Mus. Par.) ; *Mirador* (Sartorius); *Cordova* (Sallé in herb. Mus. Par.).

Genus III. DENDROPOGON Sch.

1. D. rufescens Sch.; C. Müll. sub *Pilotricho* in *Syn.* II, p. 176.

> Prope *Oajaca* (Karwinski; Ehrenberg in herb. Montagne); ad arborum truncos (Galeotti april. 1840; Liebmann in herb. Mus. Par.).

Ordo IV. MUSCI PLEUROCARPI.

Familia I. NECKERACEÆ Sch.

Tribus I. *LEUCODONTEÆ* Sch.

Genus I. ASTRODONTIUM Schwgr.

1. A. cryptotheca Hpe; C. Müll. sub *Neckera* in *Syn.* II, p. 109. (*Leucodon cryptotheca* Hpe; *Neckera cryptotheca* C. Müll.; *Leucodon cryptopus* Sch. in litt.).

Le péristome est évidemment double ; la membrane qui correspond au péristome interne est courte et elle se détache difficilement du péristome externe, auquel elle adhère ; elle se voit dans la glycérine après macération dans une dissolution de potasse caustique. Cette membranne est alors d'un blanc grisâtre à articulations largement espacées et est tronquée au sommet. Il convient dès lors de retirer l'espèce précédente du genre *Leucodon* et de la reporter ainsi que les suivantes dans le genre *Astrodontium*.

> *Orizaba* (Liebmann in herb. Mus. Par.) ; e valle Mexicensi (Bourgeau n^is 1323, 1349).

2. A. CURVIROSTRE Hpe ; C. Müll. sub *Neckera* in *Syn.* II, p. 108. (*Leucodon currirostris* Hpe ; *Leucodon longirostris* Sch. in litt.).

Mejico (EHRENBERG in herb. MONTAGNE et LE DIEN) ; *Orizaba* (F. MÜLLER in herb. SCHIMPER).

2. A. TENUE Besch. — Caulis cylindricus gracilis biuncialis vel altior fusco-luteus erectus divisus ; folia caulina erecta imbricata, sicca uno sensu leviter inclinata, madida erecta, lanceolata, pluries profunde sulcata cuspidata integerrima, ecostata. Capsula exserta, pedicello ut in *A. curvirostri* ; folia perichætialia longe vaginantia convolutacea breviora cuspidata integerrima. Cætera desunt.

Leucodon tenuis Sch. in litt.

Proximum *Astrodontio curvirostri*, sed caule graciliore, foliis angustioribus perfecte lanceolatis, minus longe cuspidatis. Peristomium non vidi, sed hæc species habitu atque foliorum forma et reticulatione generi *Astrodontio* evidenter pertinet.

Chinantla (LIEBMANN in herb. SCHIMPER).

4. A. SUBEMERSUM Hpe. — Habitu *A. curvirostri* simillimum, sed capsula angustiore, subemersa, foliis minoribus parce plicatis, minus falcatis, differt. Peristomium imperfectum, sed membrana interna distincta.

Leucodon subemersus Hpe.

Mejico (F. MÜLLER, SCHIMPER comm.).

GENUS II. PRIONODON C. Müll.

1. P. DENSUS C. Müll. sub *Pilotricho* in *Syn.* II, p. 160.

Jalapa (DEPPE et SCHIEDE) ; *Mejico* EHRENBERG, LIEBMANN, in herb. Mus. Par.) ; *Oajaca* (GALEOTTI in herb. Mus. Par.) ; *Orizaba* (F. MÜLLER, SCHIMPER comm.).

Genus III. CRYPTOTHECA Hsch.

1. C. **cochlearifolia** Hsch.; C. Müll. sub *Pilotricho* in *Syn.* II, p. 182. *Meteorium Mexicanum* Mitt. in *Musci Austro-Amer.* p. 433.

Mejico (Deppe et Schiede) ; *Oajaca* (Galeotti n° 6886 in herb. Mus. Par.).

Tribus II. *NECKEREÆ.*

Genus I. PHYLLOGONIUM Brid.

1. P. **viride** Brid. ; C. Müll. *Syn.* II, p. 2, ex parte.

Mirador (Liebmann in herb. Schimper).

Genus II. NECKERA Hedw.

Sectio I. Rhystophyllum C. Müll.

A. *Capsula immersa.*

1. N. **undulata** Hedw. ; P. B. sub *Pilotricho* ; C. Müll. *Syn.* II, p. 147.

Mejico (Liebmann) ; *Cordova* (Sallé in herb. Decaisne).

2. N. **disticha** Hedw. ; C. Müll. *Syn.* II, p. 46.

Chinantla (Liebmann).

3. N. **pennata** Hedw. ; C. Müll. *Syn.* II, p. 50.

Mejico (Andrieux in herb. Mus. Par.).

4. N. **chlorocaulis** C. Müll. *Syn.* II, p. 663.

In provincia *Mechoacan, Cerro San Andres* (Chrismar). †

5. N. **ehrenbergii** C. Müll. *Syn.* II, p. 51.

Mejico (Ehrenberg) ; *Oajaca* (Galeotti n° 6886 *bis* in herb. Mus. Par.) ; in sylva *della Desierta Vieja* (Bourg. n° 1332).

6. N. **hornschuchiana** C. Müll. *Syn.* II, p. 51.

Mejico (Deppe et Schiede). †

7. N. **angustifolia** C. Müll. *Syn.* II, p. 52.

Mejico (in herb. Montagne).

8. N. **leptophylla** Sch. — Monoica ; planta tenella, ramis attenuatis erectis ; folia caulina acuminata, denticulata e basi rotundata nec auriculata nec revoluta ; folia perichætialia in acumen longum parce denticulatum. Capsula tenella griseo- vel fuscoviridis. Peristomii dentes externi longi hyalini rugulosi usque ad apicem linea longitudinali exarati, interni breviores filiformes articulati. Operculum acuminatum obliquum luteo-viride.

Orizaba (F. Müller, Schimper comm.).

9. N. **Liebmanni** Sch. in herb. — Planta aureo-nitens, ramis erectis non pinnatis ; folia caulina late ovata acuminata denticulata binervia ; folia perichætialia amplexicaulia subito acuminata integerrima. Capsula immersa non mihi satis nota. Operculum conicum longe apiculatum obliquum.

Orizaba (F. Müller in herb. Schimper).

10. N. **pachycarpa** Sch. in herb. — Folia caulina lanceolata longe acuminata serrata, valde undulata. Perichætium magnum, foliis longissimis, loriformibus serratis. Capsula magna urceolata, dentibus externis longis rugosis, internis minimis tenerrime rugulosis.

Faro (Liebmann in herb. Schimper).

11. N. **Orbignyana** Ltz in *Pug.* — Monoica ; elatiuscula, *N. pennata* robustior ; *N. perichætiali* habitu proxima. Caulis complanatus, subregulariter pinnatus, ramis distichis apice attenuatis. Folia longius breviusve ovato-acuminata, apice obtusato vel eroso, irregulariter dentato, costis binis breviusculis. Capsula in perichætio longe vaginante convolutaceo, immersa breviter ovalis ; operculo breviter oblique rostrato. Folia perichætialia intima caulinis duplo longiora, late lanceolata, sensim in apiculum subulatum strictiusculum planatum attenuata (*loco citato*).

Mejico (sec. Lorentz).

B. *Capsula exserta.*

12. N. **urnigera** C. Müll. *Syn.* II, p. 57.

Prope *Jalapa* (**Deppe** et **Schiede**). †

13. N. **orthorhyncha** Besch. — Monoica. *N. Chilensi* simillima, sed foliis caulinis minus obtusis, foliis perichætialibus
internis exacte convolutaceis acumine brevissimo subito angustis; calyptra superne rugosa ; capsula majore recte vel leviter
oblique rostrata.

N. coarctata Besch. in litt.

In sylva *della Desierta Vieja* (**Bourgeau**, n° 1332, sept.
1864, pro parte, *Glyphocarpæ intertextæ* commixta).

14. N. **microcarpa** Sch. in herb. — Monoica ; caulis longus
pinnatim ramosus pallide viridis , ramis patentibus brevibus
complanatis nitentibus ; folia caulina valde undulata linguæ-
formia obtuse acuminata asymmetrica, vix auriculata, bicostata,
apice erosa, obsolete denticulata. Perichætium cuspidatum gracile, foliis externis squarrosis ovato-lanceolatis ecostatis, intimis
longe convolutaceis, cuspide brevi integra, ecostatis. Flos masculus infra perichætium nascens, foliis concavis ovatis integris
vel apice erosis ecostatis ; antheridiis magnis longe pedunculatis.
Capsula in pedicello immerso, exserta minuta urniformis rufula,
macrostoma. Peristomium, operculum atque calyptra mihi ignota.

N. orthorhynchæ proxima, sed perichætio longiore, graciliore,
foliis longius cuspidatis, capsula minore a primo adspectu longe
differt.

Mirador (**Liebmann** in herb. Mus. Par.).

Species mihi non satis notæ.

16. N. **subrugulosa** Sch. in herb. — Dioica (?) Caulis elatus
robustus pinnatim ramosus pallide lutescens ; ramis erecto-
patulis vel erectis obtusis flexuosis. Folia caulina symmetrica
ovato-lanceolata, acumine late cuspidato, opaca subrugulosa vix
auriculata, integerrima, cellulis angularibus latioribus fuscis,
costa usque ad medium producta. Cætera desunt.

Mejico (**Grateloup** in herb. Mus. Par.) : *Mirador* (**Liebmann**).

18. **N. nitens** Sch. in herb. — Dioica. Caulis robustus pallide lutescens nitens irregulariter ramosus, ramis erecto-patentibus rigidis obtusis vel paulum attenuatis. Folia oblonga e basi rotundata subauriculata, acuminata integerrima semi-costata. Cætera desunt.

Mirador (Sartorius in herb. Schimper).

Genus III. HOMALIA Sch.

1. **H. glabella** Brid.; C. Müll. sub *Neckera* in *Syn.* II, p. 44.

Jalapa (Schiede et Deppe) ; *Mirador* (Liebmann in herb. Mus. Par. ; Sartorius in herb. Schimper).

Tribus III. *PILOTRICHEÆ.*

Genus I. PILOTRICHELLA C. Müll.

Sectio I. Orthostichella C. Müll.

1. **P. tetragona** C. Müll. sub *Neckera* in *Syn.* II, p. 125.

Cordova (Bourgeau).

2. **P. rigida** C. Müll. sub *Neckera* in *Syn.* II, p. 126.

Mejico (Deppe et Schiede) ; *Cordova* (Bourgeau, febr. 1866).

3. **P. imbricata** Schwgr.; C. Müll. *Syn.* II, p. 128.

Mexico (Grateloup in herb. Mus. Par.).

4. **P. pulchella** Sch. in herb. — Caulis tenellus longissimus, semi-pedalis vel pedalis filiformis pendulus, mollis ; ramulis alternis brevibus attenuatis sæpe dichotomis patulis flexuosis tereti-tetragonis nitentibus pallescentibus. Folia laxe conferta erecto-patula ovato-cochleariformia breviter acuminata pusilla ecostata marginibus inferne magis involutaceis integris vel obsolete denticulatis, basi minute panduræformia excavata, vix auriculata, cellulis alaribus paucis viridiusculis incrassatis. Perichætium gracile erectum paucifolium foliis internis minutis concavis rotundatis obtuse acuminatis, superioribus longioribus

late convolutaceis subemarginatis apice involutaceis parce acuminatis, omnibus integris ecostatis. Capsula in pedicello perbrevi cygnicolli, sæpe aggregata exserta minuta turbinata truncata macrostoma. Peristomii dentes externi longitudinem capsulæ subæquantes, rigidi pallide lutescentes, apice inæqualiter angusti fissi, interni filiformes in tota longitudine fissi, breviores. Operculum, e basi lata, conicum, rostro recto. Calyptra ?

Elegantissima species *Pilotrichellæ rigidæ* proxima, quæ tamen magis tenella, habitu graciliore, foliis brevioribus angustioribus, capsula turbinata longe differt.

 Orizaba (F. Müller, Lorentz mihi comm.).

5. P. Mexicana Sch. in herb. — *Pilotrichellæ pulchellæ* simillima, sel caule minore magis ramoso, ramulis pinnatis obtusis brevioribus, foliis caulinis longioribus latioribusque, minute denticulatis, foliis ramulorum brevioribus apice late involutaceis; fructus mihi ignotus.

 Mejico (F. Müller, Schimper comm.).

Sectio II. Eupilotrichella.

6. P. cochlearifolia C. Müll. sub *Neckera* in *Syn.* II, p. 130. (*Metcorium orbifolium* Mitt. in *Musci Austro-Amer.*, p. 440).

 Mejico (Ehrenberg).

Var. *flagellifera.* — Forma peculiaris flagellis minutis insignis.

 Pilotrichum flagelliferum Sch. in litt. (non Brid.).

 Orizaba (Bourgeau).

7. P. turgescens C. Müll. sub *Neckera* in *Syn.* II, p. 131. (*Pilotrichum circinatum* Sch. in herb. Ltz; *P. tumidum* Sch. in herb.).

 Mejico (Ehrenberg); *Orizaba* (F. Müller).

8. P. nigricans Nees; C. Müll. sub *Neckera* in *Syn.* II, p. 132.

 Prope *Jalapa* (Deppe et Schiede). †

Sectio III. Papillaria C. Müll.

9. P. **capillaris** C. Müll. sub *Neckera* in *Syn.* II, p.134.

Mexico (Deppe et Schiede). †

10. P. **Deppii** Hsch.; C. Müll. sub *Neckera* in *Syn.* II, p. 136.

Prope *Jalapa* (Deppe et Schiede); in regione Orizabensi (F. Müller); *Cordova* (Bourgeau n° 3291).

11. P. **consanguinea** Hpe sub *Meteorio* in herb. — Caulis tenellus flexuosus luteo-viridis, ramis brevibus vix 7-10^{mm} longis remotis patulis; folia caulina basi excavata late cordata ovato-lanceolata margine crenulata vix papillosa plicata apice longe cuspidata semi-costata, cuspide recta vel semi-torta; folia perichætialia longius cuspidata hyalina infra cuspidem obscuram margine sinuata semi-costata. Capsula minuta mniiformis sub ore coarctata grosse papillosa pedicello papilloso. Cætera desunt.

Inter *P. Deppii* et *P. nigrescentem* media.

Mexico (in herb. Hampe, Schimper comm.).

12. P. **Dubyana** Hpe sub *Neckera* in *Sp. Musc. Nov. Mexic.* (*Monochisma viride* Duby in *Choix de Crypt. exot.*). — Caulis elongatus ramosissimus, fusco-viridis robustus, ramis brevibus patentibus rigidis. Folia erecta, dense imbricata accumbentia, humida paulo laxiora, apice subpatula, e basi cordata, alis rotundatis undulato-plicatis, dilatata; lamina tota lanceolata longitudinaliter plicata ramorum piliformi-acuminata, summa apice denticulata, ubique papillis tenerrimis puberula, lucide diaphana, costa flavescente supra medium evanescente; perichætio paraphysibus permultis piloso. Capsula in pedicello crasso perichætium bis superante, erecto-ovata, operculo conico oblique subulato; calyptra cucullata valde pilosa. (Hpe *loco citato*).

« *Mejico, Huatusco*, ad truncos arborum 4500′ cum perichætiis junioribus leg. C. Heller. Antea a D. Sumichrast cum fructibus fere maturis lecta, a cl. Duby benevole mecum communicata. » (Hpe, *loc. cit.*).

13. **P. subulifolia** Sch. in herb. sub *Meteorio*. — *P. Dubyana* similis, sed differt : ramis uncialibus vel altioribus apice attenuatis, foliis erecto-patulis vel patentibus flexuosis longioribus atque acumine longissimo loriformi.

Orizaba (F. Müller, Schimper comm.).

14. **P. nigrescens** C. Müll. sub *Neckera* in *Syn.* II, p. 134 et 670.

Mejico (Liebmann in herb. Mus. Par., sub nom. *Pterogonii nigrescentis*).

15. **P. imponderosa** Tayl. in Hook. Lond. Journ. sub *Leskea* ; Mitt. sub *Meteorio* in *Musci Austro-Amer.*, p. 442.

Mexico (Jurgensen ex Mitten).

16. **P. longifolia** Sch. in herb. — Caulis repens irregulariter pinnato-ramosus glauco-viridis, ramulis patulis brevibus ; folia caulina remota horizontalia flexuosa e basi late cordata vaginantia longe hastata acuminata obtusa, costa ultra medium continua, margine sinuoso, crenulata vel subdenticulata ; cellulæ minutæ elongatæ papillis numerosis minutissimis obtectæ. Cætera desunt.

Orizaba (F. Müller in herb. Schimper).

17. **P. illecebra** C. Müll. sub *Neckera* in *Syn.* II, p. 137.

Mejico (Liebmann in herb. Mus. Par.) ; *Jalapa* (Deppe et Schiede); in monte Orizabensi (F. Müller); ad urb. *Mejico*, in sylva *della Desierta Vieja* (Bourgeau n° 1350); in valle Cordovensi (Bourgeau, n° 2142); *Huitchilao*, prope *Cuernavaca* (Hahn).

Obs. Tous les échantillons de cette mousse offrent cette particularité, déjà signalée par les auteurs dans plusieurs espèces congénères, que les feuilles des jeunes rameaux pendants sont très-acuminées et à pointe souvent aussi longue que les feuilles elles-mêmes, ce qui n'a pas lieu dans l'espèce suivante.

18. **P. teres** Mitt. sub *Meteorio* in *Musci Austro-Amer.*, p. 428. Ex habitu *P. illecebræ* simillima ; differt tamen ramulorum

foliis caulinis similibus, tumidis, dorso vix undulatis, haud plicatis, apiculo breviore. — An species propria? An potius speciei præcedentis varietas?

Chiapas, in sylvis quercuum (Linden in herb. Cosson); Mexico (Deppe et Schiede); Oajaca (Galeotti n° 6888, in herb. Mus. Par.); in summo monte Orizabensi (Liebmann).

19. P. sinuata C. Müll. sub *Neckera* in *Syn.* II, p. 139.

In Mexico (Ehrenberg). †

Sectio IV. Meteoridium C. Müll.

20. P. remotifolia Hsch. sub *Neckera*; C. Müll. *Syn.* II, p. 672; Mitt. sub *Meteorio* in *Musci Austro-Amer.*, p. 447.

Mexico, Jalapa (Deppe et Schiede). †

Genus II. METEORIUM Brid.

1. M. patulum C. Mull. sub *Pilotricho* in *Syn.* II, p. 155.

Jalapa (Deppe et Schiede). †

2. M. tenue Sch. in herb. — Caulis repens pendulus valde ramosus ramis gracilibus longissimis remotifoliis aureo-nitentibus; folia squarrosa patula vel erecto-patula, caulina rotundata mucronata, ramea cordato-lanceolata acumine longiore flexuoso, ramulina angustissima acumine longissime loriformi, omnia toto ambitu denticulata, costa ultramedia e basi angusta, cellulis alaribus majoribus fuscis in orbem excavatum dispositis. Cætera desunt.

A *Meteorio patente*, etiamsi affine, differt caule graciliore, ramis longissime filiformibus, longius acuminatis.

Orizaba (herb. Schimper); *Cordova* (Sallé in herb. Mus. Par.).

3. M. diversifolium Besch. — Dioicum; caulis pedalis repens vel pendulus, ramis brevibus crassis obtusis vel longe attenuatis inordinate dispositis. Folia caulina remota cordata longe cuspidata, folia ramulorum obtusorum e basi angusta late cor-

dato-ovata acuminata, acumine brevi flexuoso, concava reflexa, intense viridia subnitentia, tenuissime serrulata, costa infra apicem evanida; cellulis angustis basi auricularum late quadrangularibus fuscis. Caetera ut in *Pilotricho recurcifolio*.

Pilotricho recurcifolio proximum, sed foliis ramulinis longius acuminatis, caule robustiore, ramis densifoliis, colore intense viridi, primo visu differt.

Cordora, ad arborum cortices (BOURGEAU n° 2137, pro parte).

4. M. DICLADOS Sch. in herb. — Caulis primarius repens pendulus, ramis brevibus uncialibus vel subpedalibus stramineis nitidis simplicibus vel parce divisis extremitate gracilibus, flaccidissimis, plumosis; folia inferiora subdisticha rufescentia patentia laxe imbricata subcordata, ovato-acuminata amplexantia decurrentia, marginibus inferne conniventibus, superne paulum convolutaceis, acumine plano, tenuissime serrulata, costa obsoleta; cellulis angustissimis sexangularibus pellucidis, auriculis ventricosis incrassatis fuscis; folia superiora appressa angustiora longissime apiculata. Caetera desunt.

Leskea heteroclados Sch. in herb. Mus. Par.

Mejico, Oajaca (GALEOTTI n° 6885, in herb. Mus. Par.), *Cordora* (BOURGEAU).

GENUS III. CALLICOSTA C. Müll.

1. C. DELICATULA Besch. — *Pilotricho bipinnato* C. Müll. proximum, sed differt caulibus atque ramis tenuissimis filiformibus, foliis brevius acuminatis basi decurrentibus apice integris. Planta feminea sterilis solum mihi nota.
Pilotrichella delicatula Sch. in litt.

Oajaca, 4-5000 ped. alt. (GALEOTTI n° 6882 in herb. Mus. par.); *Huatusco* (LIEBMANN in herb. SCHIMPER).

GENUS VI. PTEROBRYUM Hsch.

1. P. DENSUM Hsch. (*Pilotrichum Hornschuchii* C. Müll. Syn. II, p. 179).

Mejico (DEPPE et SCHIEDE); in regione Orizabensi (BOURG.).

Familia IV. DALTONIACEÆ.

Genus I. DALTONIA Hook. et Tayl.

1. D. **splachnoides** Hook. et Tayl.; Br. et Sch. *Bryol. Eur.*; C. Müll. *Syn.* II, p. 17.

Mejico (**Liebmann**) ; *Cordova* (**Sallé**).

2. D. **crispata** Sch. in *Bryol. Eur.*, pro memor. — Monoica; planta 10-15^{mm} elata compacta; folia caulina flexuosa torquata latiora, lanceolata integerrima, margine lato plano pellucido. Fructus numerosi; capsula in pedicello 8-12^{mm} longo scabro pluries torto, apophysata, sublævis, oblongo-ovata, rufa; operculum longirostre inclinatum. Calyptra basi dense laciniata. Flos masculus minutus in vicinitate feminei, foliis perigonialibus crenulatis haud marginatis.

D. splachnoidi proxima, sed caule robusto, longiore, foliis caulinis torquatis, pedicello longiore, capsula majore et foliis perigonialibus dentatis longe distincta.

In Mexico (**Sallé**).

Genus II. LEPIDOPILUM Brid.

1. L. **Deppeanum** C. Müll. sub *Hookeria* in *Syn.* II, p. 196.

Mejico (**Deppe** et **Schiede**); prope *Mirador* (in herb. **Montagne**); *Cordova* (**Sallé**).

2. L. **subenerve** Brid.; C. Müll. sub *Hookeria* in *Syn.* II, p. 196.

Mirador (**Liebmann**, **Sartorius**).

3. L. **Decaisnei** Besch. — Monoicum; planta gracilis obscure viridis lutescens elongata irregulariter pinnatim ramosa; ramis patulis strictis; folia laxe flexuosa e basi asymmetrica, ovato-lanceolata vel cuspidata obliqua torquata, apice denticulata, cellulis chlorophyllosis, costæ binæ ad medium productæ. Folia perichætialia ecostata hyalina integra vel parce denticulata. Calyptra glabra campanulata parce fimbriata. Capsula in pedicello

flexuoso scabro brevissimo 23^{mm} longo, parvula cylindracea, vel ovato-urniformis , senectute inclinata ; operculo longe conico obtuso. Peristomii dentes externi recurvati , solide trabeculati, rufi rugulosi, interni longissime subulati externos æquantes, rugulosi articulationibus linea divisurali tenuissima exaratis in membrana lata satis longe producta positi.

Lepidopilo subenervi Brid. proximum , sed foliis brevioribus haud complanatis valde flexuosis , colore sordide viridi , costis longioribus, operculo conico differt.

Cordova (SALLÉ in herb. DECAISNE).

4. L. **NITIDUM** Besch. — Habitu *L. subenervi* simile ; caulis brevis flavescens sericeus ; folia minus dense approximata apice tortilia asymmetrica late ovato-acuminata dentata, costis inæ-qualibus ad medium productis ; perichætialia minuta obtusa subconvoluta ecostata integra. Capsula in pedicello sublævi mi-nore, cylindracea. Peristomii dentes longissimi, externi obscure articulati, rugulosi, interni fere æquilongi. Calyptra lævis campa-nulata parce fimbriata. Operculum conicum apiculatum.

Mejico (SALLÉ in herb. DECAISNE).

5. L. **APOPHYSATUM** Hpe in litt. — Monoicum, caulis longus robustus viridi-nitens, parce ramosus. Folia ovato-acuminata magna dentata, acumine brevi, costis longe productis ; cellulis valde chlorophyllosis. Folia perichætialia majora integra. Cap-sula magna longe ovato-cylindracea sub ore haud coarctata, basi apophysata, glabra, pedicello minute papilloso haud ciliato. Peristomii dentes interni lati æquilongi rugulosi punctulati linea divisurali tenuissima exarati, annulo lato. Calyptra parce laciniata.

In sylvis ad arbores in valle Cordovensi , mart. 1866 (BOURG. n° 2137, pro parte).

6. L. **PILIFERUM** Besch. (*Lepidopilum subplanum* Hpe in litt.). — Dioicum. Caulis robustus repens prius pallide viridis, dein rufus e basi ramosus subpinnatus ; rami dimorphi radicantes, nunc steriles foliis pallide viridibus nitentibus apice patentibus, nunc archegoniferi apice attenuati foliis obscure viridibus appres-

sis vel erecto-patulis superne filis confervoideis fasciculatis numerosis inter folia instructi ; folia ramorum nunc late ovata symmetrica ecostata, nunc asymmetrica ovato-acuminata, e basi uno latere reflexa, apiculo brevi obliquo, obsolete bicostata, omnia subplana complanata e medio ad apicem denticulata, cellulis anguste elongatis chlorophyllosis ; folia perigynia angusta minuta obtuse acuminata apice subpellucida. Archegonia numerosa. Caetera desunt.

Species conspicua *Hookeria Patrisia* proxima, sed sterilis olim mihi nota.

Cordova, ad cortices arborum BOURG. nº 2137, pro parte, mart. 1866.

GENUS III. HOOKERIA Tayl.

SECTIO EUHOOKERIA C. Mull.

1. H. ALBICANS Hook. ; C. Mull. *Syn.* II. p. 189.
   Chinantla (LIEBMANN).

2. H. LIEBMANNI Sch. in herb. — *Hookeriæ albicanti* similis, sed caule pallide glauco-viridi, eleganter brevi pinnato, pinnulis brevibus ; foliis longius cuspidatis magis serratis, dentibus acutis majoribus. Caetera desunt.

   Mirador LIEBMANN in herb. SCHIMPER.

SECTIO HYPNELLA C. Mull.

3. H. CRUCEANA Duby in *Choix de Cryptogames*, 1867. — *H. leptorhyncha* Hook. et Grev. simillima, sed primo visu differt foliis latis concavis haud acuminatis; *H. hypnacea* pariter affinis ramulis, sed recedit foliis apice rotundis nec minime falcatis, foliis perichaetialibus bicostatis, peristomii dentibus internis planis striatis hyalinis (Duby *loco citato*).

   Prope *Vera-Cruz* ad cortices arborum (SUMICHRAST). †

Sectio Callicostella C. Müll.

4. H. scabriseta Hook. ; C. Müll. *Syn.* II, p. 220.
Mirador (Liebmann).

5. H. ciliata Sch. in herb. — *Hookeriœ scabrisetœ* simillima,
sed caule ramulisque gracilioribus lutescentibus, foliis margine
magis eroso-papillosis, densius solo basi laxe areolatis, capsulæ
pedicello scabriusculo haud ciliato-hispido.
Mirador (Liebmann in herb. Schimper).

Familia V. FABRONIACEÆ.

Genus I. FABRONIA Raddi.

1. F. Hampeana Sonder ; C. Müll. *Syn.* II, p. 34.
Mejico (in herb. Schimper).

2. F. polycarpa Hook. ; C. Müll. *Syn.* II, p. 37.
Hualusco (Liebmann).

Var. *patens* (*Fabronia dentata* Sch. in litt.). — Caule tenello,
foliis acumine longiore, haud imbricatis sed erecto-patentibus,
perichætialibus majoribus irregulariter apice serratis.

In monte Orizabensi, 11000 p. (Liebmann in herb. Schimper).

Familia VI. LESKEACEÆ.

Tribus I. *RHEGMATODONTEÆ*.

Genus I. RHEGMATODON Brid.

1. R. filiformis Sch. in herb. — Caulis repens ramis erectis
filiformibus, flexuosis ; folia caulina lanceolata erecto-patula,
integerrima, costa super medium finiente, cellulis quadrato-
ellipticis, chlorophyllosis ; capsula longe cylindrica erecta
fuscescens ; peristomium dentes externi breviores incurvati
ruti ; dentes interni duplo longiores punctulati flavescentes.
Chinantla (Liebmann in herb. Schimper).

2. R. HYPNOIDES Sch. in herb. — Caulis erectus irregulariter pinnatus ochraceo-nitens, ramis patulis brevibus ; folia caulina flexuosa erecto-patula in apice ramorum subsecunda, denticulata ecostata lanceolata longe cuspidata, cuspide flexuoso ; cellulis elongatis similibus. Capsula in pedicello flavido breve ovato-truncata. Cætera ignota.

Mirador (LIEBMANN in herb. SCHIMPER).

Incertæ sedis.

1. R (?) FUSCO-LUTEUS Sch. sub *Leptohymenio* in litt. — Caulis crassus ramosus decumbens mollis fusco-luteus nitens, ramis pinnatis brevibus obtusis crassis ; folia caulina patula vel apice subsecunda, concava ovato-lanceolata vel leniter falcata cuspidata acumine recurvo, costæ gemellæ breve productæ, margine integerrimo in tota longitudine tenuissime revoluto ; cellulis oblongis angustis, alaribus parvis grosse quadrato-rotundatis. Perichætium fuscum, foliis semi-convolutis, cuspidatis, integerrimis ecostatis. Capsula in pedicello rubro subunciali flexuoso, globosa ore coarctata ferruginea lævis. Peristomii dentes externi madiditate in orbem conjuncti, lati, inter trabeculas pallidi ut lacunosi fuscescentes, interni sæpe liberi cinerei plani nec carinati, lati granulosi remote articulati e medio lacunosi. Sporæ maximæ.

Species dubia generi *Leptohymenio* foliorum areolatione atque forma proxima, sed habitu, foliis patulis, capsula globosa, peristomio diverso atque sporis maximis longe differt. An genus novum ?

Orizaba (F. MÜLLER in herb. SCHIMPER).

TRIBUS II. *LESKEEÆ.*

GENUS I. LESKEA Hedw.

1. L. CIRCINALIS Hpe (*Hypnum Hampeanum* C. Müll. *Syn.* II. p. 326).

Mejico (LIEBMANN in herb. Mus. Par.).

2. L. MEXICANA Besch. — Habitu *L. obscura* Hedw. simillima, sed differt ramis julaceis circinatis, foliis subimbricatis, perichaetio saepe dicarpo, capsulae pedicello breviore, capsula minore, operculo submamillato, foliis perichaetialibus longius acuminatis margine eroso.

Ad arborum radices, in valle Mexicensi prope *Santa-Fe*. jun. 1865 (BOURG. no 1357).

3. L. CÆSPITOSA Brid. *Bryol. univ.* II, p. 288.

Inter *Pazcuaro* et *Ario* (HUMBOLDT et BONPLAND). — Species dubia mihi ignota. †

GENUS II. HELICODONTIUM Schwgr.

1. H. TENUIROSTRE Schwgr.; C. Müll. sub *Hypno* in *Syn.* II, p. 111.

Mirador (LIEBMANN in herb. SCHIMPER).

GENUS III. HAPLOHYMEMIUM Dz. et Molk.

1. H. DENSUM Sch. — Monoicum; caulis tenellus fusco-viridis repens dense cæspitosus, ramis filiformibus erectis vel circinatis, folia caulina minuta ovato-lanceolata integerrima sicca appressa subjulacea, humida erecto-patula; cellulis quadratis subpapillosis; costa ante apicem evanida. Capsula in pedicello geniculato valde apice crassiore torto, cylindrica subapophysata. Peristomii dentes externi lanceolati obtusi rugulosi, sicci in orbem involuti, processus brevis dentibus rudimentariis.

Mirador (LIEBMANN).

TRIBUS III. *PSEUDOLESKEEÆ* Br. et Sch.

GENUS I. PSEUDOLESKEA Br. et Sch.

1. P. PRÆLONGA Sch. in herb. (*Heterocladium Mexicanum* Sch. in herb. Lorentz). — Monoica. Caulis repens praelongus atro-viridis dense ramosus, ramis pinnatis brevibus filiformibus obtusiusculis vel attenuatis radicantibus, paraphyllis numerosis

obtectus. Folia caulina erecto-patula late obovata concava bipli-
cata longe cuspidata, acumine hyalino integro, cellulis incrassate
quadratis opacis utraque pagina papillosis, costa lata pallida
infra apicem evanida; folia ramulina minutissima ovato-lanceolata
obtuse acuminata concava valde papillosa, costa minore. Flores
masculi infra perichætium in ramo primario gemmacei, foliis
perigonialibus ovato-lanceolatis concavis pellucidis lævibus apice
subcrenulatis ecostatis. Perichætium sordide albidum minus,
foliis longe lanceolatis, costa sub apice evanida, acumine longe
loriformi integro flexuoso. Capsula in pedicello semipollicari
rubello lævi, ovato-cylindrica sub ore valde constricta incurva
macrostoma ; annulum ? Operculum late conicum brevi-rostra-
tum. Peristomii dentes externi incurvi, interni flavidi subhiantes
æquilongi; ciliis binis vel singulis subappendiculatis, subæ-
quilongis.

Inter *Pseudoleskeam* et *Heterocladium* medium tenet ; a priore
genere foliis longe lateque unicostatis, cellulis uniformibus ; a
secundo, caulium foliis ramulinis majoribus, recedit.

Cerro de Cruz (F. Müller).

2. P. SUBCATENULATA Sch. (*P. Liebmanni* Sch. *Bryol. Europ.*).
— Monoica. Caulis repens ramis brevibus filiformibus radicantibus, erecto-flexuosis remotis ; folia caulina sicca imbricata,
humida erecto-patentia, late ovata concava, margine parce recurvo,
costa lata albida sub apice hyalino-evanida, cellulis margine
prominulis papillosis. Perigonium in caule primario positum,
foliis late concavis cymbiformibus hyalinis ecostatis vel obsolete
costatis, apice incrassatis. Perichætium longum lutescens imbricatum, foliis late ovato-lanceolatis plicatis integris longe cuspidatis, costa continua. Capsula in pedicello lævi rubello flexuoso,
cernua arcuata sub ore coarctata. Peristomium ut in *P. catenulata*, ciliis solitariis vel ternatis sæpe coalescentibus.

A *P. catenulata* floribus monoicis, foliis caulinis solide longe-
que costatis, foliis perichætialibus apice loriformibus primo visu
differt.

Huatusco (LIEBMANN).

Tribus IV. *THUIDIEÆ* Sch.

Genus I. THUIDIUM Sch.

Subgenus I. ORTHOTHUIDIUM Sch.

1. T. ORTHOCARPUM Besch. (*Leskea tamariscina* Sch. in herb. Mus. Par.; *Orthothuidium tamariscinum* Sch. in herb.).— Caulis tenellus decumbens repens ramosus paraphyllis obtectus, ramis brevibus simpliciter pinnatis vel uno latere dejectis curvulis radicantibus intense glauco-viridibus. Folia remota cordato-lanceolata concava involventia acuminata, margine plano, costa lata sinuata infra apicem evanida; cellulis quadrato-rotundatis valde chlorophyllosis, papillosis. Capsula in pedicello laevi semi-unciali purpureo, anguste cylindracea erecta leniterve curvula fusca; operculo late conico longe rostrato. Peristomii dentes externi ut in *T. minutulo*; interni paulo minores in membrana latiore oriuntur flavescentes subhiantes; ciliis nullis vel rudimentariis.

Hypno scito P.-B. proximum, sed foliis involventibus haud auriculatis nec falcatis a primo visu differt.

Orizaba (LIEBMANN).

Subgenus II. THUIDIELLA Sch.

2. T. MINUTULUM Sch. *Bryol. Europ.*; C. Müll. sub *Hypno* in *Syn.* II, p. 492.

In regno Mexicano (LINDEN in herb. COSSON); *Mirador* (LIEBMANN).

3. T. VIRGINIANUM Sch.; Brid. sub *Hypno* in *Bryol. univ.* II, p. 576.

Chinantla (LIEBMANN).

4. T. GLAUCESCENS Sch. in herb. — Caulis prorepens divisus compacte ramulosus, tomentoso-radiculosus bipinnatus, glauco-viridis; ramis pinnatis erectis brevibus filiformibus; folia caulina incurva concava late cordata, costa pallida continua vel sub apice evanida, integra, dense papillosa; folia ramulina minutis-

sima ovato-lanceolata, papillis margine prominulis ; paraphyl-
lia numerosa ; perichætialia hyalina concava longe ovato-lanceolata subito acuminata, acumine arcuatim reflexo, margine superne crenulato, costa infra apicem evanida. Capsula in pedicello
lævi semi-unciali, rubello, ovata incurva horizontalis macrostoma, sub ore constricta, rufo-aurantiaca. Peristomii dentes ut
in *T. minutulo;* cilia binata vel rarius ternata, sæpe haud divisa
subappendiculata. Operculum oblique rostratum.

Habitu *T. minutulo* simillimum, sed differt caule compacte
ramoso, foliis rameis minoribus, perichætialibus longe cuspidatis, acumine recurvo, capsula ovata sub ore magis coarctata,
macrostoma, ciliis binis rarius ternatis.

Mirador, in horti muro (SARTORIUS).

5. T. SCHIEDEANUM C. Müll. sub *Hypno* in *Syn.* II, p. 494.
Jalapa (DEPPE et SCHIEDE).

SUBGENUS III. THUIDIUM Br. et Sch.

6. T. TAMARISCINUM Br. et Sch. *Bryol. Europ.* — *Hypnum
delicatulum* C. Müll. *Syn.* II, p. 484, non Hedw.).

Var. *Mexicanum* Sch. (*T. Mexicanum* Sch. et *T. Sartorii* Sch.
in litt.). — Habitu *T. delicatulo* Br. et Sch. admodum simile,
sed ramulis brevioribus rigidis bipinnatis.

Mejico, Acapulco (BONPLAND in herb. Mus. Par.; *Oajaca*
(GALEOTTI n° 6881 in herb. Mus. Par.; *Orizaba* (F. MÜL-
LER; *Mirador* (SARTORIUS; in regione Orizabensi (BOURG.
n° 3299.

7. T. SCHLUMBERGERI Sch. in herb. — Habitu *T. delicatulo*
Br. et Sch. simillimum ; caulis rufescens gracilior longiorque,
ramis brevibus erectis remotis simpliciter pinnatis, ramulis
remotis ; folia caulina majora revoluta, acumine crispato longiore. Folia perichætialia medio fimbriata, fimbriis simplicibus
vel ramosis confervoideis. Capsulæ pedicellum 2-5 cent. longum.

San Felipe prope *Oajaca* ANDRIEUX in herb. Mus. Par.;
Orizaba F. MÜLLER ; *Cordova* (SALLÉ in herb. DECAISNE ;
in valle Mexicensi (BOURG. n° 1344.

Species non satis nota.

8. T. **tomentosum** Sch. in herb. — Habitu *Thuidio Mexicano* Sch. simillimum, sed solum sterile mihi notum.

Orizaba F. Müller in herb. Schimper.

Familia VII. HYPNACE.E.

Tribus I. *CYLINDROTHECIE.E.*

Genus I. CYLINDROTHECIUM Sch.

Sectio I. Cylindrothecia compressa Sch. *Bryol. Eur.*.

Folia complanata, capsula minuta tenerrima, in pedicello gracili pallido, flavescente.

1. C. **polycarpum** Sch.; Hpe sub *Entodonte* in *Prod. Flor. Nov. Gran., Ann.sc. nat.* 1865, p. 370.

Mejico, Orizaba F. Müller in herb. Schimper.

2. C. **brevirostre** Sch. *Bryol. Europ.* — Caulis subcompressus grisco-nitens gracilis, ramis erectis in apice curvulis. Folia caulina lanceolata e basi constricta, laxe crenulata, patula vel erecta superne comantia subfalcata. Perichætialia subconvoluta integerrima. Capsula in pedicello flavo torto, lutescens cylindrica, ore purpureo. Peristomii dentes externi late lanceolati, in linea divisurali haud exarati; processus membrana basilari angustissima conjuncti dentibus æquilongi rufi. Sporæ virides rugulosæ.

Chinantla et in monte Orizabensi (Liebmann).

3. C. **abbreviatum** Sch. *Bryol. Europ.* — Monoicum. Caulis turgescens vel paulo compressus lutescens nitens pinnatim ramosus, ramis densis brevibus obtusis; folia caulina ovato-lanceolata concava subintegra, margine revoluto, apice recurvo, costa gemella brevissima, cellulis alaribus quadratis incrassatis, folia ramea angustiora acutiora tenuissime denticulata subecostata. Perichætium longum gracile, foliis infernis erecto-patulis

ovato-lanceolatis, supernis convolutaceis acuminatis, omnia
integerrima ecostata. Capsula in pedicello brevi 4-5 mm. longo
pallido, cylindrica plicata medium pedicelli æquans, operculo
recto, obtuse conico. Peristomii dentes externi breves basi con-
fluentes fusci ; cilia filiformia subæquilonga rufescentia. Sporæ
magnæ.

Cyl. brevipedi simile, sed differt caule breviore, magis tur-
gescente, ramis pinnatis brevioribus, foliis minus solide costatis, sporis majoribus.

Mejico (Liebmann).

4. C. **brevipes** Sch. — Monoicum. Planta aureo-nitens ; rami
breviter fasciculati erecti vel in apice incurvi ; folia concava cym-
biformia bicostata erecta cuspidata, acumine recurvo denticulato ;
cellulis basilaribus angularibusque quadratis, aliis longe hexagonis hyalinis. Perichætium gracile, foliis integerrimis lanceolatis
cuspidatis. Calyptra magna cucullata solida albicans. Fructus
numerosi ; capsula in pedicello flavo ramulis breviore, cylindrica
vel curvula, griseo-viridis, operculo conico mucronato e basi
purpureo ; peristomii dentes externi lanceolati integri vel in
linea divisurali sæpe pertusi rufescentes ; processus dehiscentes
membrana basilari angustissima conjuncti breviores. Sporæ
virides læves.

Mirador (Sartorius) ; in valle Mexicensi (Bourg. n°
1358).

5. C. **stenocarpum** Sch. *Bryol. Europ.* (*Isothecium stenocarpum* Sch. in herb. Mus. Par.). — Caulis elongatus luteo-nitescens,
irregulariter pinnatus, ramis longis compressis flexuosis patentibus ; folia caulina ovato-lanceolata cuspidata plicata parce
undulata, margine usque ad acumen minute revoluto subdenticulato, inæqualiter bicostata, cellulis a basi quadratis, aliis
angustatis ; folia ramea angustiora lanceolata apice subfalcata,
acumine flexuoso, costis minoribus vel obsoletis. Perichætium
cylindricum ; folia externa ovata subito acuminata, flexuosa
subrecurva, interna multo longiora erecta convolutacea ecostata
integerrima, cuspidata. Capsula in pedicello semi-unciali flavido,
angusta, cylindrica. Cætera desunt.

Mejico (Liebmann in herb. Mus. Par.).

Sectio II. Cylindrothecia cladorhizantia Sch.

Caule ramulisque semi-compressis; capsula lata longe cylindrica,
pedicello·solido rubro.

6. C. COMPLANATUM Sch. — Monoicum. Caulis compressus
repens viridis, folia complanata patula viridia ovali-lanceolata
crenulata vel apice denticulata. Perichætialia amplexantia longe
cuspidata loriformia integerrima. Fructus ad caulem primarium
nascentes. Capsula in pedicello rubello longo pluries torto,
elongata ovato-cylindrica rufa ore coarctata. Peristomii dentes
ut in *C. brevirostri*. Operculum....?

> *Mejico* (GHIESBREGHT, 1840, in herb. Mus. Par.); prope
> *Cordova* (BOURG. n° 2137, mart. 1866). Habitu *Plagiothecio
> undulato* satis simile, sed toto cœlo differt.

7. C. ORIZABANUM Sch. — Monoicum; caulis decumbens viridi-nitens, compressus, ramis irregulariter prostratis radicantibus, folia caulina lanceolata plana subcomplanata, erecto-patula,
superiora conferta, superne denticulata ecostata; perichætii folia
subconvoluta longe cuspidata, integerrima; capsula in pedicello
rubello magna ovato-cylindrica ore coarctata, collo longe
defluente, pallide rufescens; peristomii dentes externi integri
haud in linea divisurali exarati; interni hyalini subæquilongi
membrana basilari haud exserta.

> *Orizaba* (F. MÜLLER in herb. SCHIMPER).

8. C. NITENS Sch. in herb. — Monoicum. Caulis pinnatim
ramosus lutescens vel rufescens, ramis nitentibus obtuse cuspidatis erecto-patentibus brevibus, apicem versus subaduncis.
Folia caulina laxe imbricata concava 1-2-plicata, late ovato-lanceolata obtuse acuminata denticulata; folia ramulina complanata
angustiora tenuissime denticulata, costa gemella brevis vel
obsoleta. Folia perichætialia inferiora apice reflexa, superiora
erecta elongata late oblongo-lanceolata longe cuspidata, acumine
flexuoso subdenticulato. Capsula in pedicello unciali juniore
flavescente seniore rubello, cylindrica rufescens evacuata, ore
atro-purpureo, operculo longe conico rectirostri. Peristomii
dentes externi solidi cruentes, interni filiformes externos æquan

tes intus pallide sanguinei, saepe columella persistente longe exserta adhaerentes, unde breviores videntur. Sporæ maximæ.

Entodonti lutescenti Hpe æmulans, sed differt ramis brevioribus minus cuspidatis, foliis rameis obtuse acuminatis dentatis, caule cylindrico, capsula longiore.

Orizaba (F. MÜLLER ; *Cordoba* SALLÉ in herb. DECAISNE).

SECTIO III. CYLINDROTHECIA HYPNOIDEA.

Caule pinnato subcylindrico, capsula augusta cylindrica,
pedicello rubro.

9. C. SUBSECUNDUM Sch. in herb. — Monoicum. Caulis viridis nitens prostratus vel erectus ; ramis brevibus pinnatis superne radicantibus subcylindricis ; folia caulina ovato-lanceolata obtusa, submutica, acumine recurvo, superne denticulata vel leniter crenulata, costis binis vel obsoletis. Capsula cylindrica in pedicello purpureo pluries torto. Peristomii dentes externi lanceolati, interni filiformes membrana basilari exserta subæquilongi lutei vix fissi. Sporæ majores.

Habitu et modo vegetandi *C. concinno* Sch. proximum, sed distans caule graciliore, colore viridi-nitente, foliorum acumine recurvo, floribus monoicis.

Mirador (SARTORIUS); ad montes prope *Santa Fe*, in valle Mexicensi (BOURG. n° 1316, aug. 1865).

10. C. AURESCENS Sch. ; Hpe sub *Entodonte* in *Prod. Fl. Nov. Gran., Ann. sc. nat.*, 1865, p. 369.

Orizaba (F. MÜLLER in herb. SCHIMPER).

Species non mihi notæ.

11. C. MECHOACANUM C. Müll. sub *Neckera* in *Bot. Zeitung* 1855, p. 765. — Monoica, prostrata deplanata, e virente flavescens, nitida, ramulis brevibus multo tenerioribus hypnoideis plumulose foliosis pinnulata ; folia caulina conferta, valde asymmetrica, e basi brevissima parum coarctata oblonga, plus minus elongate et acute acuminata, obliqua vel falcata, planius-

cula vel cymbiformi-concava, integra vel denticulata, costis binis
brevibus virentibus ; perichætia angustissima elongate exserta,
foliis appressis tenerrime membranaceis pallidis, late ovato-
acuminatis, inferioribus minoribus reflexis, superioribus erectis,
basi e cellulis laxis longis, superne angustissimis reticulata,
integra ecostata; capsula in pedicello flavido brevi tenui, erecta
cylindracea ; peristomii dentes externi rubiginosi lati ; ciliis
internis filiformibus rubiginosis alternantibus.

In prov. *Mechoacan, cerro San Andres* (CHRISMAR). †

12. C. NEGLECTUM C. Müll. sub *Neckera* in *Bot. Zeitung* 1858,
p. 437. (*Leskea sciuroides* Hsch).

Præcedenti simillimum, sed foliis falcatis latis asymmetricis,
stolonibus hypnoideis tenuibus et capsula multo majore primo
momento differt. (C. Müll. *loco citato*.

Mejico (DEPPE). †

GENUS II. ROZEA Besch.

Plantæ prorepentes cæspitantes ramosæ ramis teretibus subjulaceis erectis vel parum curvulis, folia conferta laxe imbricata
oblongo-lanceolata mutica apice dentata semi-costata nitida bipli-
cata concava, margine recurvo ; flores monoici, raro dioici ; fructus cauligeni et cladogeni ; capsula cylindrica erecta vel leviter
curvula, pedicello semi-unciali purpureo, operculo conico brevi
vel satis longe producto ; calyptra longe cucullata lævis. Peristomium duplex dentibus liberis incurvis papillosis ; processus
membrana basilari longe producta conjuncti dentibus subæquilongi ; cilia lata rudimentaria vel subnulla ; sporæ magnæ.

Habitatio arborea vel terrestris.

Leptohymenium et *Rhegmatodon* (*pro parte*) Sch. in litt.
Isothecium MONTG.; *Leskea* HARW.; *Hypnum* (*pro parte*) C. Müll.

Ce genre, dédié à mon confrère et ami M. Ern. Roze qui s'est
signalé par ses recherches sur les Anthérozoïdes des plantes
inférieures, forme un groupe très-distinct dans la famille des
Leskéacées. Il se rapproche du G. *Tescurea* par la disposition,
la forme et l'aréolation des feuilles, mais il s'en éloigne par un
port plus robuste rappelant celui des *Pterogonium*, par des feuil-

les plus larges, mutiques, à nervure s'évanouissant au milieu du
limbe, ainsi que par la forme des processus. Il offre une transi-
tion naturelle entre les G. *Cylindrothecium* et *Leptohymenium*.

Le genre *Roxea* comprend dès à présent huit espèces dont
sept spéciales au Mexique sont décrites ci-après ; la huitième
espèce qu'il y a lieu d'y rapporter est l'*Hypnum pterogonioides*
C. Müll. qui est propre à l'Inde Anglaise.

1. R. CHRYSEA Besch. (*Leptohymenium chryseum* Sch. in
litt. prius, dein *Rhegmatodon chryseus*). — Monoica, densissime cæspitosa aurea senectute rufescente-nitens, ramis erectis subjulaceis brevibus apice diviso-falcatis incurvis ; folia caulina dense imbricata ovato-lanceolata minuta subito cuspidata,
acumine longo reflexo, integra, semi-costata ; folia ramea lanceolata acumine breviore curvato denticulato, marginibus revolutis,
apice approximatis subcucullatis. Perichætium vaginans paucifolium, foliis longe lanceolatis basi concavis, cuspidatis subdenticulatis obsolete costatis. Perigonium versus perichætium in
caule secundario vel primario nascens, foliis late cordatis ecostatis apice subito recurvis. Capsula in pedicello rubello semi-unciali sæpe inferne geniculato, cylindracea angusta fuscescens,
operculo longo conico ; peristomii dentes ut in genere, interni
æquilongi fragiles subcarinati e membrana paulo exserta, cilia
brevissima vel rudimentaria.

Habitu a *Rhegmatodonte hypnoide* Sch. proxima, sed peristomio longe recedit.

Ad arbores prope *Oajaca*, 1834 (ANDRIEUX in herb. Mus.
Par.); in sylva *Huitchilao* ad nives æternas, nov. 1835 (HAHN
legit parce fructificantem ; in valle Mexicensi (BOURGEAU
nº 1359, ex parte).

2. R. BOURGÆANA Besch. (*Leptohymenium subjulaceum* Sch.
in litt.). — Monoica, dense cæspitosa, decumbens inordinate
ramosa basi rufa, apice lutescente-viridis, ramis brevibus subjulaceis subsecundis, apice fasciculatis adscendentibus arcuatis ;
folia caulina erecta homomalla, madida erecto-patula concava
laxe imbricata ovato-lanceolata breve acuminata, acumine obtuso
reflexo, denticulata, margine e basi infra apicem reflexo, costa
lata ultra medium continua; cellulis alaribus quadratis interme-

diis elongate hexagonalibus, cæteris linearibus. Perichætium radicans; folia vaginantia, interna longiora longe acuminata hyalina subecostata integra, externa squammiformia. Calyptra minuta lævis cucullata contorquata. Capsula in pedicello 12-15^{mm} longo intense purpureo, elliptica rufescens recta vel evacuata parum obliqua, operculo conico subulato purpureo. Peristomii dentes externi lanceolati fuscescentes apice rugosi, interni breviores grisei e membrana parum exserta; cilia rudimentaria. Sporæ generis maxima.

In valle Mexicensi, ad radices, sept. 1865 (Bourg. n° 1359.

3. R. **subjulacea** Besch. *Cylindrothecium subjulaceum* Sch. in litt.). — Monoica? Dense cæspitosa repens lutescente–viridis nitescens, ramis erectis sæpe divisis fasciculatis; folia caulina ovato-lanceolata stricta subjulacea plicata, mollia turgescentia, obtuse acuminata, acumine dentato obliquo, margine revoluto, costa ultra medium evanida. Capsula in pedicello purpureo, longe ovato-cylindrica erecta, operculo breviter conico. Peristomii dentes externi lati, interni æquilongi carinati e membrana alte producta, ciliis singulis rudimentariis. Sporæ minutæ.

Habitu *R. Bourgæanæ* admodum similis, sed differt foliis majoribus strictis, capsula crassiore minus exacte cylindrica, operculo breviore, peristomii dentibus majoribus, processu multo longiore membrana longius exserta, sporis tenuioribus.

Mirador (F. **Müller** in herb. **Schimper**).

4. R. **viridis** Besch.— Dense cæspitosa repens pallide viridis, ramis subjulaceis plumulosis fasciculato-ramosis erectis; folia stricta dense imbricata lanceolata minuta, angustiora, margine revoluto, plicata, cuspidata apice subdenticulata, semi-costata; folia perichætialia lanceolata longe acuminata subintegra obsolete costata. Capsula in pedicello rubro lævi subunciali vel minore, ovato-cylindrica, operculo conico longe subulato, columella persistente; peristomii dentes externi ut in genere, interni æquilongi e membrana brevissima exserta; cilia rudimentaria; sporæ minutissimæ.

R. Bourgæanæ proxima, sed cæspitibus pallide viridibus,

foliis angustioribus magis cuspidatis, minus concavis, sporis minutis, primo visu differt.

In valle Mexicensi (BOURG. nº 1359, pro parte).

5. R. SCHIMPERI Besch. (*Cylindrothecium heteropterum* Sch. in litt.). — Monoica. Cæspites compacti molles pallide smaragdineo-virides, nitentes. Caulis primarius repens, ramis brevibus fasciculatis rectis vel curvulis, folia mollia erecto-patula undulata sicca homomalla, humida turgescentia longe oblongo-lanceolata obtuse acuminata apice concava dense denticulata late semi-costata ; cellulis basilaribus late quadratis, cæteris hexa- vel pentagonalibus; folia juniora longiora cuspidata. Perichætium breve cylindricum albicans, foliis lanceolatis integris basi latis, apice longe cuspidatis subecostatis. Perigonium in caule primario nascens, foliis concavis ovatis ecostatis. Capsula in pedicello fere subunciali leniter purpureo, cylindrica erecta vel parum curvula exannulata (?) Operculum oblique alte conicum. Peristomium breve, dentes externi lanceolati breves dense articulati punctulati rugulosi, interni flavidi æquilongi apice subhiantes e membrana longe exserta producti ; cilia nulla ; sporæ minutæ.

Orizaba, Cerra de Cristobal, 1853 (F. MÜLLER).

6. R. STRICTA Besch. (*Pylaisia? subjulacea* Sch. in litt.). — Laxe cæspitosa rufescens ; caulis primarius repens, secundarius erectus subuncialis superne divisus, ramis æqualibus strictis, gracilibus brevibus ; folia dense imbricata subsecunda rufescentia longe ovato-lanceolata e basi lata, plicata concava margine revoluto, obtuse acuminata superne denticulata, costa crassa ultra medium evanida ; cellulis basilaribus grosse quadratis. Folia perichætialia stricta lanceolata longe cuspidata apice obliqua integra ecostata. Capsula in pedicello rubro semiunciali, minuta cylindrica ore parum coarctata brunnea. Peristomii dentes externi breves laxe articulati, processus membrana sat longe producta, dentibus ob fructus senectutem mihi ignotis. Sporæ majusculæ.

Chinantla (LIEBMANN).

7. R. Andrieuxii Besch.; C. Müll. sub *Hypno* in *Syn.* II
p. 248; Montg. sub *Isothecio*.

Oajaca (Andrieux).

Genus III. LEPTOHYMENIUM Schwgr. (ex parte).

Sectio Julacea.

1. L. myuroides Sch. in herb. (*L. myurum* Sch. in litt.;
Neckera teres C. Müll. *Syn.* II, p. 98, pro parte). — Monoicum.
Caulis repens decumbens viridi- vel aureo-nitens sericeus, ramis
teretibus brevibus pinnatis erectis vel in extremitate caulium
curvulis, obtusiusculis fere semper simplicibus; folia concava
dense imbricata ovata parce acuminata integerrima vel obsolete
denticulata ecostata, acumine siccitate reflexo; cellulis alaribus
chlorophyllosis quadratis depressis, in seriebus rectis dispositis;
perichætialia superiora convoluta longe acuminata, exteriora
breviora cuspide patula, omnia ecostata integerrima. Fructus
numerosissimi; capsulæ sæpe aggregatæ, in pedicello rubro
subunciali tortili, late ovato-ellipticæ rufescentes, ore rubro
coarctato, operculo conico subulato recto vel leniter obliquo;
calyptra flavo-albicante apice rufescente. Peristomii dentes
externi lanceolati, pallide rufescentes integri, cuticula dorsali
lata hyalina, processus brevissimus pellucidus tenerrimus, dentibus submullis vel paulo exsertis filiformibus. Annulus minutulus duabus cellularum seriebus compositus.

Oajaca (Galeotti, n° 6828 in herb. Mus. Par.); *Mejico*
(Ghiesbreght, Liebmann in herb. Mus. Par.); *Cordova*
(Bourgeau, n° 2141); *Orizaba* (F. Müller in herb. Schim-
per; Bourg. n^is 2201, 2761).

2. L. longisetum Hpe. (*Neckera longiseta* Hook.; C. Müll.
Syn. II, p. 99; *Isothecium longisetum* Sch. in herb. Liebmann).

Mejico (Liebmann in herb. Mus. Par.).

2. L. cylindricaule Hpe; C. Müll. sub *Neckera* in *Syn.* II,
p. 100.

Prope *Jalapa* (Deppe et Schiede). †

1. L. AFFINE Sch. in herb. — Monoicum, planta gracilis pallide viridis sericea, decumbens, ramis brevibus attenuatis radicantibus patulis incurvis; folia caulina erecto-patula subjulacea concava ecostata longe acuminata subdenticulata, acumine patulo subreflexo. Perichaetium album, foliis externis squarrosis, internis erecto-patulis e basi convolutis longe cuspidatis integerrimis. Capsula minuta ovato-elliptica, pedicello rubro pluries torto. Peristomium?

Orizaba (F. Müller in herb. Lorentz).

2. L. JULACEUM Sch. (*Neckera squarrosa* C. Müll. *Syn.* II, p. 100; *L. squarrosum* Hpe).

Sierra de la Cruz, 1852 (F. Müller in herb. Schimper).

3. L. BONPLANDI Besch. (*Aromodon Bonplandi* Sch. in herb.).

Jirullo (Bonpland in herb. Mus. Par.).

7. L. (? PATULUM Sch. in herb. — Monoicum; caulis adscendens irregulariter ramosus stramineo-nitens; folia caulina ovatorotundata, ramulina elliptica, concava serrata, acumine incurvo, margine subplana vel basi minute revoluta, sicca torquata undulata patula bicostata; cellulis alaribus parvis rotundatis confertis, ceteris hexagonis elongatis. Capsula in pedicello rubro, late ovato-cylindrica magna castanea subapophysata. Peristomium atque operculum desunt.

Orizaba (F. Müller in herb. Schimper).

Genus IV. POROTRICHUM Brid.

1. P. MEXICANUM Sch. in herb. — Dioicum. Caulis primarius repens stolonaceus nudus, secundarius erectus basi nudus, foliis remotis obtectus, e medio distiche ramosus apice dendroideus; ramis caulis junioris laete vel sordide virentibus nitentibus; ramis caulis senioris erecto-patentibus lutescentibus dense distiche foliosis, apice remotifoliis, attenuatis flexuosis. Folia caulina dissita cordato-ovata obliqua parce denticulata, costa ultra medium evanida; folia ramorum nunc subdistichacea complanata, nunc remota squarrosa, omnia plicata ovato-lanceolata

apice lata subelliptica, margine plano, e medio ad apicem serrata, costa longiora. Capsula, ob specimen laceratum, imperfecte
mihi nota. Peristomii dentes interni flavidi cruribus apice confluentibus e medio hiantibus.

Porotricho longirostri proximum, sed statura majore, caule
eleganter pinnato-dendroideo, foliis latioribus longioribus, peristomio interno minore, ob vestigia differre mihi videtur.

  Orizaba (F. Müller in herb. Schimper).

Tribus II. PYLAISIEÆ.

Genus I. PYLAISIA Sch.

  1. P. falcata Sch. in *Bryol. Europ. monog.* p. 2. —
Monoica. Caulis repens subpinnato-ramulosus, fusco-luteus vel
stramineus nitens; ramalis demissis erectisve; folia caulina
erecto-patentia ovato-lanceolata falcata secunda longe et angustissime acuminata integerrima ecostata vel obsolete bicostata;
cellulis minutis anguste rhomboidalibus, angularibus minute
quadratis. Perichaetium imbricatum foliis longe ovato-lanceolatis pellucidis, apice flexuoso subcrenulato. Perigonium ovatum
minutulum, antheridiis magnis, paraphysibus filiformibus remote articulatis. Capsula in pedicello semi-unciali valde tortili, late
oblongo-cylindracea erecta symmetrica fuscidula. Peristomii
dentes externi lineari-lanceolati flavidi anguste trabeculati; processus lanceolati subulati aequilongi in tota longitudine bifidi
sordide grisei rugulosi; ciliis nullis. Sporae majusculae.

  In monte Orizabensi (Liebmann in herb. Mus. Par.).

  2. P. subfalcata Sch. *Bryol. Europ. monog.* p. 3. — Praecedenti similis, sed differt: caulibus magis exacte pinnatis pallide stramineis, foliis subfalcatis brevius acuminatis latioribus,
cellulis angularibus majoribus, capsula cylindrica longiore, peristomii dentibus longioribus; processu breviore.

  La Parada, Cumbre de Estepec Liebmann in herb. Schimper.

Tribus III. *LINDIGIEÆ.*

Genus I. LINDIGIA Hpe

1. L. TENELLA Hpe (*Pilotrichum tenellum* Sch. in litt. non
C. Müll.). — Monoica. Laxe cæspitosa; caulis 2-3-pollicaris
inferne nudus erectus, basi fuscus, superne viridis, ramis pinnatis patentibus; folia caulina patula subsquarrosa truncato-cor-
data lanceolata longe acuminata serrata acumine flexuoso, costa
viridi ad medium evanida; folia perichætialia interna longe cuspidata subdenticulata, externa oblongo-lanceolata integra ecostata. Fructus satis numerosi in ramulis secundariis nascentes.
Capsula in pedicello brevi valde tuberculoso rufo superne cur-
vato-plicato, minuta oblongo-urceolata apophysata suberecta
vel inclinata, sub ore coarctata, vacua albicante-nigra, ore nigro.
Peristomii dentes externi solidi valde incurvi fuscescentes, interni æquilongi erecti vel subcarinati articulati medio liberi flavescentes. Operculum hemisphæricum longe rectirostre. Calyptra
minuta cucullata.

In monte Grizabensi Bourg. n° 2762, aug. 1856.

Tribus IV. *HYPNEÆ.*

Genus I. BRACHYTHECIUM Br. et Sch.

1. B. FRIGIDUM C. Müll. sub *Hypno* in *Botan. Zeitung* 1856,
p. 456. — *B. rutabulo* et *B. glareoso* simile, sed inflorescentia
hermaphrodita ab omnibus congeneribus distinctum. (Ex auct.).

Rio Frio, inter *Puebla* et *Mejico*, in montibus editioribus,
in tractis montis vulcanici *Iztaccihualt* (CHRISMAR). †

Genus II. EURHYNCHIUM Sch.

1. E. MEXICANUM Besch. (*E. cirrosulum* Sch. in litt. non
C. Müll.). — Monoicum. Cæspites lati et laxissimi. Caulis repens
plumosus vage pinnatim ramosus læte viridis, decumbens apice
radiculosus continuus. Folia caulina remota squarroso-patula e
basi late cordata, hastato-lanceolata cuspidata ubique serrata,

margine inferne et superne leniter involuto, costa gemella brevi
pallida, folia ramea minuta erecto-patula striatula ovato-lanceolata subito constricta, marginibus subconvolutis in apicem.
Perigonium infra perichætium positum, foliis internis strictis
concavis longe cuspidatis ecostatis integerrimis, antheridiis
paucis, paraphysibus longis subclavatis. Perichætium ad caules
novellos squarrosum, foliis longissime cuspidatis reflexis integris ecostatis; archegonia brevia. Capsula in pedicello rubello
unciali apice inflexo lævi, ovato-cylindrica leniter curvata, sicca
evacuata valde infra apicem constricta late annulata, operculo
albicante brevirostrato. Calyptra lævis vel 4-5 pilis longis erectis instructa. Peristomii dentes externi longi, margine hyalino,
apice grisei rugulosi; dentes interni æquilongi late carinati flavidi integri, ciliis brevioribus punctulatis scaberrimis trinis
vel in uno solo conjunctis. Sporæ minutissimæ pallide ferru-
gineæ.

Stirps elegantissima habitu varians, *Hypno (Eurhynchio) ele-
gantulo* Hook. affinis sed differt : inflorescentia monoica, foliis
caulinis haud confertis sed laxe squarrosis ; capsula evacuata
sub apice valde coarctata, peristomii ciliis haud binis sed trinis
vel in unum coadnatis, calyptra sublævi.

In regione Orizabensi (Bourg. n^{is} 3059, 3299, jul. 1865).

GENUS III. RHYNCHOSTEGIUM Br. et Sch.

1. R. HAMPEI Besch. (*Hypnum conspicuum* Hpe in litt.).
— Caulis repens fragilis, ramis erectis brevibus semi-uncialibus vel minoribus apice curvatis lutescentibus, nitentibus densifoliis; folia ramea erecto-patula apice homomalla late ovata
breviter cuspidata irregulariter complicato-concava maxime im-
plana, margine bis revoluto plicato, integerrimo, cellulis exacte
eleganter rhomboideis utriculo primordiali persistente, basilaribus paucis ventricosis, costa nulla vel singularis obsoleta ;
folia perichætialia longe lanceolata paulo concava, apice denticulata, intima costa brevi subobsoleta, externa breviora ecostata integra. Capsula in pedicello vix semi-unciali flexuoso rubello lævi, minuta gibboso-ovata ut in *Rhynch. tenello*, arcuata
erecta vel horizontalis, sicca sub ore valde constricta, pallide

rufa, annulo nullo ; operculum cupulatum longe obliquo-rostel-
latum ; peristomii dentes carinati, incurvi margine rugulosi ;
interni aequilongi flavidi punctulati apice rugulosi pertusi, ciliis
singulis albidis duplo brevioribus vel rudimentariis.

Habitu *Hypno Lucensi* Hook. simile, sed foliis caulinis brevibus acuminatis, foliis perichaetialibus denticulatis, costa unica
vel nulla, peristomii ciliis saepe rudimentariis differt.

Cordova (SALLÉ in herb. DECAISNE) ; *Orizaba* (BOURG.
n° 5298 pro parte).

2. R. CUPRESSINUM Besch. — Dioicum? late caespitans ; caes-
pites robusti appressi tumescentes molles pallide sericeo-virides
nitidissimi. Caulis late adrepens, plus minus regulariter pinnato-
ramosus. Folia ut in *Hypno cupressiformi* disposita, dense conferta dorsalia erecta, lateralia bipartito-imbricata dextram sinistramque versus deorsum falcata, ovato- et oblongo-lanceolata,
longe acuminata e medio grosse serrata ; cellulis marginalibus
cylindricis, aliis hexagono-rhomboidalibus elongatis, hyalinis,
costa nulla. Caetera desunt.

Cordova (SALLÉ in herb. DECAISNE.)

3. R. CALLISTOMUM Besch. — Caespituli depressi laxi luteo-
vel atro-virides nitentes. Caulis repens vage ramosus, folia
remota subdisticha erecto-patula oblongo-lanceolata leviter
acuminata semi-costata e medio ad apicem tortum serrata laxius-
cule areolata subopaca. Perichaetium minus foliis e basi vaginantibus apice divergentibus longe cuspidatis ecostatis. Capsula in
pedicello 15–20mm longo carneo gracili laevi, crassiuscula ovata
primum erecta dein curvata sub ore maxime coarctata atro-rufa,
collo distincto, operculo aurantiaco longe curvirostri, annulo
nullo. Peristomium maximum, dentes crassi lamellati, dissiti,
apice incurvi ; processus hiantes pertusi, 2–3 ciliis valde rudimentariis sed distinctis. Calyptra tenella laevis. Sporae virides.

Habitu *Rhynchostegio rotundifolio* proximum, sed foliis serratis, capsula sub ore valde strangulata, annulo carente, ciliis
rudimentariis differt. Affine *R. serrulato* et *Hypno Haitomaleono.*

In regione Orizabensi, ad arbores, aug. 1865 (BOURG.
n° 2793).

4. R. Huitomalconum C. Müll. sub *Hypno* in *Syn*. II, p. 248.

Prope *Huitamalco* (Deppe et Schiede). †

5. R. blandum Hpe in litt. — Prolixum repens laxe ramosum lutescente-nitens ; folia caulina remota fere biseriata erecto-patula vel patula, late oblongo-lanceolata e basi late ovata concava breviter acuminata subplana semi-costata e medio ad apicem tortilem argute serrata ; cellulis hyalinis longissimis basilaribus late quadratis subventricosis, margine versus basin et apicem impresso. Perichætialia minora ecostata subvaginantia late ovata subito in acumen longum subdenticulatum producta. Capsula in pedicello lævi unciali, late cylindrica leniter arcuata castanea, operculo rostrato. Peristomii dentes longi apice atque margine rugulosi punctati ; processus longe hiantes superne coadnati, ciliis binis brevioribus nodosis. Sporæ minutissimæ.

R. Megapolitano affine, sed in omnibus partibus multo majus.

Cordova (Sallé in herb. Decaisne).

C. R. leptomerocarpum C. Müll. sub *Hypno* in *Syn*. II, p. 351.

Jalapa (Schiede). †

7. R. recurvans Schwgr.; C. Müll. sub *Hypno* in *Syn*. II, p. 297.

Orizaba (F. Müller, Bourgeau).

Genus IV. PLAGIOTHECIUM Sch.

1. P. (?) Chrismari C. Müll. sub *Hypno* in *Syn*. II, p. 278. (*Isopterygium Chrismari* Mitt. in *Musci Austro-Americ.*, p. 519).

Prope *Mechoacan* (Chrismar). †

2. P. subsimplex Hedw. ; C. Müll. sub *Hypno* in *Syn*. II, p. 282.

Cordova (Sallé in herb. Decaisne).

Genus V. AMBLYSTEGIUM Sch.

1. A. SORDIDUM Mitt. in *Musci Austro-Americani* ; C. Müll. sub *Hypno* in *Botan. Zeitung* 1856, p. 457.

Mejico (in herb. MIQUEL). — *Hypno uncinato* vel *H. commutato* habitu simile. †

Genus VI. HYPNUM L.

1. H. SOMMERFELTII Myr. ; Br. et Sch. *Bryol. Europ.*

Chinantla (LIEBMANN). †

2. H. REICHENBACHIANUM Ltz. in *Pugillus...* (non Hübner). — *H. Sommerfeltii* proximum, reti folii autem lineari, pellucido optime distinguitur ; cæterum habitu paulo robustiore, foliis majoribus gaudet.

Ad urbem *Mejico* (SCHNITZ).

2. H. ALUMINICOLUM C. Müll. *Syn.* II, p. 291; Mitten sub *Stereodonte*, in *Musc. Austr.-Amer.*, p. 524.

Ad imum *Cerro de los Nabajos* (EHRENBERG). †

4. H. AFFINE Hook. ; C. Müll. *Syn.* II, p. 256 ; Mitten sub *Stereodonte*, in *Musc. Austr.-Amer.*, p. 523.

Oajara (GALEOTTI, n° 6893, in herb. Mus. Par.).

5. H. LE JOLISII Besch. (*Hypn. trichomitrium* Sch. in litt. non Hpe nec C. Müll.) — Dioicum. Cæspites laxi lati lutescente-virides, nitentes. Caulis rubellus longissime repens, radiculosus vel raro erectus, ramulis distiche divergentibus longis mollibus eleganter pectinatis vel uno latere erectis, ramosus ; folia caulina magna e basi lata incumbentia elongato-lanceolata pluries sulcata dextram sinistramque versus deorsum falcata, costa gemella minuta vel obsoleta, e medio ad apicem minute serrata, paraphyllis destituta ; folia ramulina minora angustiora lanceolata falcato-secunda minutissime serrata subecostata. Perigonium crassum globosum, paucifolium in caule primario nascens, foliis externis apice squarrosis concavis. Perichætium longum albicans,

basi radicans, foliis profunde falcatis ecostatis serratis longe cuspidatis. Vaginula pilosa longa. Capsula magna in pedicello longissimo, arcuata incurvo-cernua et horizontalis. Operculum late convexo-subrostratum. Cætera desunt.

Stirps pulcherrima, *Hypno Cristæ-castrensi* simillima, sed caulibus robustioribus longissimis, ramis longioribus minus regulariter pinnatis radicantibus ramulis longioribus crassioribusque, foliis latioribus minus longe cuspidatis, costis obsoletis. Calyptra esse pilosa a clarissimo SCHIMPER dicta est, sed calyptræ tamen juniores quas vidimus, indicia nulla pilorum ostenderunt. — *H. formosum* Besch. prius.

> In montibus *San Felipe* prope *Oajaca* (ANDRIEUX; LE JOLIS comm.); ad arbores in sylva *San Nicolas* pr. *Mejico*, octob. 1855 (BOURG. n^is 1346, 1244).

6. H. (CHRYSO-HYPNUM) PENDULINUM Hpe in *Bot. Zeit.* 1870, n° 4. — Monoicum, procumbente-reptans, pallidum. Caulis pinnatim ramosus, apice radicante, ramis brevibus flexuosis, minime compressis. Folia undique imbricata, erecto-patentia, squarrulosa, ovato-lanceolata, basi caviuscula, margine paulisper reflexa, apice denticulato-serrata, costis binis brevibus pallidis, cellulis alaribus paucis angulato-granulatis, griseo-fuscis, subpellucidis, cæteris abbreviato-linearibus, nodulis lucidis interruptis, subhyalina; perichætialia basi vaginante cordata longe setaceo-acuminata, reflexa, integerrima, cellulis laxioribus elongate rhombeis, nodulis splendentibus interruptis, enerviis. Capsula in pedicello unciali et ultra, apice hamato-inclinato, angusta, oblongo-cylindrica, nutans, operculo conico recte apiculato.

Ab *Hypno thelistego* C. Müll. primo visu differt : capsula oblongo-cylindrica et operculo conico recto apiculato, nec mammillato.

> Pr. *Vera Cruz* (STREBEL). ÷

Species incertæ sedis.

7. H. (?) SALLEANUM Besch. — Dioicum ; caulis primarius nigrescens prorepens vel decumbens, secundarius dendroideus

vel erecto-intricato-fasciculatus foliis squamiformibus remote
obtectus ; ramis irregulariter pinnatis rufescentibus vel viridi-
lutescentibus valde divisis, sæpe longissime attenuatis firmis
flexuosis, ramulis brevibus remotis, patentibus laxifoliis. Folia
caulina pauca minuta squarrosa late cordata auriculata breviter
cuspidata, marginibus apice subincurvis, ecostata, cellulis basi
quadratis, medio et apice anguste hexagonis opacis ; folia ramorum dentata subdistichacea remota erecto-patentia vel patentia
longiora ovato-lanceolata, acumine torquato, obsolete bicostata.
Perigynia numerosa archegonia et paraphyses numerosissima
includentia. Perichætium squarrulosum foliis lanceolatis ecostatis
longissime loriformibus integris vel in parte superiore firme 1-2-
dentatis. Capsula in pedicello longissimo unciali vel sesquiun-
ciali lævi purpureo apice subito curvato arcuato, maxima tim-
mioidea horizontalis brevicollis obscure rufa, operculo late
conico brevirostri. Peristomii dentes externi late lanceolati dense
articulati, margine et apice rugulosi ; processus fuscescentes
carinati lati apice flexuosi torquati æquilongi integri, 1-2 ciliis
filiformibus interpositis exappendiculatis brevioribus, cohærentibus vel liberis.

Cordova (SALLÉ in herb. DECAISNE).

Species non mihi notæ.

8. H. THELISTEGUM C. Müll. *Syn.* II, p. 269. *Microthamnium
thelistegum* Mitt. in *Musci Austro-Americani*, 1869.

Miranda (DEPPE et SCHIEDE). †

9. H. DENSUM C. Müll. *Syn.* II, p. 335 ; Mitt. sub *Entodonte*
in *Musc. Austr.-Amer.*, p. 531.

Inter *Pazcuaro* et *Ario* (HUMBOLDT et BONPLAND). †

10. H. DURIUSCULUM Sch. ; C. Müll. *Syn.* II, p. 426.

Cerro de los Nabajos (EHRENBERG). †

Il paraît difficile de se rendre compte de la place que doit
occuper cette espèce. En effet, l'éminent auteur du *Bryologia
Europæa* qui lui a, le premier, assigné un nom, la range dans

le genre *Hypnum* ; M. Ch. Müller Syn. II, p. 423, la place à la suite du *Rhynchostegium rusciforme* Sch., et M. Mitten (*Musc. Austr.-Amer.* p. 535) la classe dans le genre *Brachythecium* Br. et Sch. en la rapportant au *B. plumosum*.

GENUS VII. HYLOCOMIUM Br. et Sch.

1. H. EHRENBERGIANUM C. Müll. sub *Hypno* in *Botan. Zeitung*, 1853, p. 408 ; *Pleurozium Ehrenbergianum* Mitt. in *Musc. Austr.-Amer.*, p. 527.

Ex habitu *H. umbrato* aliquantulum simile, locum prope *H. brevirostrum* (Ehr.) tenens (*loc. cit.*).

Mejico (C. EHRENBERG).

ORDO V. HYPOPHYLLOCARPI.

FAMILIA I. HYPOPTERYGIACEÆ.

GENUS I. HELICOPHYLLUM Brid.

1. H. TORQUATUM Brid.; C. Müll. *Syn.* II, p. 15.

In regione Orizabensi (LIEBMANN in herb. LE DIEN ; F. MÜLLER in herb. SCHIMPER).

GENUS II. HYPOPTERYGIUM Brid.

1. H. TAMARISCI Brid.; C. Müll. *Syn.* II, p. 8.

Mejico (LINDEN in herb. COSSON) ; *Orizaba* (F. MÜLLER).

2. H. INCRASSATO-LIMBATUM C. Müll. *Syn.* II, p. 8.

Oajaca (GALEOTTI).

GENUS III. RHACOPILUM Brid.

1. R. TOMENTOSUM Brid.; C. Müll. sub *Hypopterygio* in *Syn.* II, p. 12.

Mejico (CHIESBREGHT et LIEBMANN in herb. Mus. Par.); in valle Cordovensi (BOURG. n° 2124 ; *Orizaba* (F. MÜLLER).

Var. *gracile*, in omnibus partibus gracilius , foliis caulinis basi angustis ovato-lanceolatis obtuse dentatis, foliis stipulæformibus lanceolatis ut in *Rh. angustato*, capsula minore, pedicello breviore.

Cordoca (SALLÉ in herb. DECAISNE).

2. R. ANGUSTATUM Sch. in herb. — Monoicum. *Rh. tomentoso* simillimum sed foliis caulinis angustioribus, foliis stipulæformibus lanceolatis haud cordatis, capsula minore et ampliore.

Orizaba (F. MÜLLER in herb. SCHIMPER).

MUSCI SPURII.

ANDREÆACEÆ.

GENUS ANDREÆA Ehr.

1. A. TURGESCENS Sch.; C. Müll. in *Syn.* II, p. 515.

In summo monte Orizabensi, 14,000 ped. (LIEBMANN ; *Nevada de Toluca*, nov. 1895 (HAHN).

SPHAGNACEÆ.

GENUS SPHAGNUM Dill.

1. S. MEXICANUM Mitt. in *Musci Austro-Americani*, 1869, p. 621.

Oajaca, in sylvis (GALEOTTI, n° 6879 in herb. Mus. Par.).

(Extrait des Mémoires de la Société nationale des Sciences naturelles de Cherbourg, tome XVI.)

Imp. Bedelfontaine et Syffert.